薛定谔的小猫

［英］约翰·格里宾（John Gribbin）/ 著

张广才 / 译

赵晓玲 / 校订

海南出版社

·海口·

Schrodinger's Kittens and the Search for Reality

© John Gribbin and Mary Gribbin,1995

版权合同登记号：图字：30–2021–070 号

图书在版编目（CIP）数据

薛定谔的小猫 /（英）约翰·格里宾
（John Gribbin）著；张广才译. -- 海口：海南出版社，
2024. 10. -- ISBN 978-7-5730-1828-1

Ⅰ．04-091

中国国家版本馆 CIP 数据核字第 2024V2V795 号

薛定谔的小猫

XUEDING'E DE XIAOMAO

作　　者：［英］约翰·格里宾（John Gribbin）

译　　者：张广才

校　　订：赵晓玲

责任编辑：朱　奕

策划编辑：李继勇

责任印制：杨　程

印刷装订：三河市祥达印刷包装有限公司

读者服务：唐雪飞

出版发行：海南出版社

总社地址：海口市金盘开发区建设三横路 2 号

邮　　编：570216

北京地址：北京市朝阳区黄厂路 3 号院 7 号楼 101 室

电　　话：0898–66812392　010–87336670

电子邮箱：hnbook@263.net

经　　销：全国新华书店

版　　次：2024 年 10 月第 1 版

印　　次：2024 年 10 月第 1 次印刷

开　　本：787 mm × 1 092 mm　　1/16

印　　张：18

字　　数：214 千

书　　号：ISBN 978-7-5730-1828-1

定　　价：49.80 元

前言

序章　问题

第一章　古代光学

第二章　现代

第三章 奇异而真实

第四章　绝望中的补救

第五章　思考之思考

结语 解决方案：我们这一时代的秘密

10 年前，当我在写量子理论发展史时，从来没有想到将来有一天我会重新回到量子神秘性这一主题上来，并写出另一本书。在写《寻找薛定谔的猫》一书的过程中，我就着手说明量子物理学的亚原子世界是多么奇怪和神秘。一些稀奇古怪的实验结果导致了一些与常识不符的理论，这些理论又被进一步的实验所证实。无懈可击的逻辑迫使物理学家严肃认真地对待这些稀奇古怪的思想。20 世纪 80 年代中期的基本观点为：尽管量子理论是非常奇怪的，但它却非常实用。这个理论使我们得以清楚地理解激光、计算机芯片、DNA 分子等。而经典物理学那些老的思想却不能解释这些现象。在《寻找薛定谔的猫》一书中，我所强调的并不是量子理论的不可思议，而是它的实用性。事实上，用费曼的话说："没有人理解量子理论。"这一事实使得我在前一本书的结尾不太谦虚地这样写道："我很高兴地留给你们一些不充实的结局，一些可望而不可即的暗示，还有很多工作要做的这样一个前景。"

　　但是当我很满意地将这些不充实的结局写出来时，许多物理学家并不满足于已有的成绩。他们为一个理论的不能理解而苦恼，尽管它很实用。自从 1984 年我对当时的情况做了一次概述以来，物理学家们已经做出了很大的努力，试图解决量子的神秘性。沿着这条思路，他们已经使得一些神秘性看起来更加神秘，并且已经发现了量子世界的一些新的奇怪的方面。他们已经发展了量子神秘性的解释。对于一个局外的观察者来说，这些解释是一些越来越难以相信的、绝望的辩护。但是在经过了 60 多年的尝试以后，在过去的几年当中，他们也提出了关于量子神秘性的一个解释，这个解释是对过程的一个天才的洞察——不仅对于专家，对于任何对真实性的本质感兴趣的人来说这都是一个天才的理解。

这个新的理解不仅依赖于量子理论的合理解释，而且依赖于在爱因斯坦的相对论框架下对光的行为的解释。在本书中，我将这两种理论的发展放在一起，并说明描述宇宙运作的最好解释、所有量子神秘性的彻底解决，这些都需要同时使用量子论和相对论的思想。

在这里，我没有过多地讲解量子理论发展的历史背景，以前我已经讲过了。我从这样一个起点出发：量子理论已经取得了巨大的成功。在解释如何解决那些迷惑之前，先讨论一些新的疑问，以及看待古老疑问的一些新的途径。在这里你将会找到理解量子理论到底是什么所需要的一切知识，不管你是否曾经读过关于这个主题的文章（更不用说我自己的书）。你将读到这样一些看起来是自相矛盾的现象，例如光子（光的粒子）可以在同一时刻位于两个位置，原子能够同时通过两条路径，对于一个以光速运动的粒子来说时间是静止的，等等。同时，你还会发现一个认真的建议：量子理论可能提供一种途径来实现星际传送。

为了给后面的叙述铺平道路，我将或多或少地从《寻找薛定谔的猫》一书中所留下的问题，即那只著名的猫以及约翰·贝尔的证明开始展开讨论。约翰·贝尔证明：如果一些量子组织曾经是单一系统的一个部分，那么它们之间将保持着联系，它们通过某种方式相互知晓，即使它们相距很远。爱因斯坦将这种现象称为"幽灵般的超距作用"，这种现象也常被称为"非局域性"。对你来说，这些概念可能是新的，也可能是你所熟悉的。薛定谔的猫在同一时刻既活又死这一悖论已经成为过去 10 年中的一个口头禅。但是等一下，即使你认为你已经知道那是怎么一回事了，也要准备重新考虑一下。你将看到，我这里拥有更多的和更好的悖论。这些悖论的背后都有不容置疑的实验验证。这对于你来说还是有魅力的，但是所有这些都将归结为同一件事。例如，在一个双孔实验中，电子如何才能够同时经过两条路径？在同一时刻它是如何能够知道整个实验系统的结构的？

我们需要解决的问题——量子世界的所有奇异性都可以通过考察那只原始猫的两个孪生后代——我作品中的小猫的历险过程来获得最清楚的理解。我们将不得不重新考虑光的本质问题，这个问题在量子论和相对论中都是一个关键问题。这样我便带给你一些新的思想。这些思想能够解释真实性的本质和解决所有的量子之谜。从 20 世纪 20 年代中期量子论诞生以来，这是第一次有可能有点信心地说量子论到底意味着什么。如果这些还不算是写作本书的充分理由的话，我就不知道本书的用意之所在了！

约翰·格里宾

序章 | 问题

　　量子理论神秘的核心包含在双缝实验之中，这话并不是我说的，而是当时最伟大的物理学家理查德·费曼在他关于量子力学[①]的著名的《费曼物理讲义》第一章第一页中这么说的。通过把量子物理与艾萨克·牛顿及其后的科学家们的经典思想做对比，费曼说这种现象"是不可能、是绝对不可能用任何经典方法来解释的"，它"是量子力学的核心所在。实际上，它包含的正是量子理论的神秘"。

　　在费曼另一本名为《物理定律的特性》的书中，他写道："可以证明量子力学中任何其他情形总可以用下列表述得到解释，'还记得双缝实验吗？这是同样的情形'。"因而，与费曼一样，我从双缝实验一开始，就揭示处于全盛时期的核心神秘。这个实验似乎很寻常，但却是一个从来不能够被轻视的实验。你对双缝实验了解得越多，就会发觉它越神秘。

[①]　在本书中，"量子理论""量子物理"和"量子力学"这三个名词是可以互换的；文中提到的参考书将在"参考书目"中给予详尽的解释。

如果你在中学物理实验中遇到过这个实验，它可能似乎一点儿也不神秘。那是因为没有人费心思（或胆敢）向你解释它的神秘；相反，几乎可以肯定，所有讲授给你的是通过一块板上的双狭缝并在屏幕上形成明暗条纹的光的特性，这只不过是光以波的形式运动这一事实的极好证据。

　　就其本身而言，这是正确的。但是这绝不是整个的事实。

△　光的奇异性

　　当你向水中投下一块石子，在静止的池塘表面所看到的情形就是有关波的经典例子。水波形成一系列的波纹，从石子落水处以一个又一个圆环的形式向外扩张。如果这样的波在到达其上有比波纹的波长小得多的两个

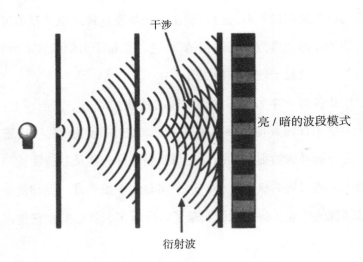

图 1　光的干涉

　　来自第一个小孔的均匀光在第二个遮挡屏的每一个小孔处产生向外传播的子波；子波互相干涉会在观察屏上产生清晰的亮条纹与暗条纹——光以波的形式传播的证据。

小孔的障碍物时，在障碍物的另一侧，波就以两个小孔为中心、以半圆环的形式向外扩张。它们所形成的图案就像当你同时向静止的池塘中扔下两块石头时所得到的波纹图案的一半。

每个人都知道这是什么样的图案。向静止的池塘中扔下两块石头，你不会看到两组互相穿过的图形波纹，而是一个更复杂的波纹图案，这是由两个圆形波纹互相干涉所形成的。在某些地方，两组波纹相互叠加形成更大的波纹；而在另外一些地方，两个波纹互相抵消，在水中剩下极小或不再存在波的运动。

当光通过一个板上的两个小孔，在板另一侧的一个屏幕上形成一个图案时，所发生的正是相同的情形。为更清楚地显示这个效应，最好使用一束单色光，这对应于一个单一波长。从两个小孔处传出的两组光波就像池塘中的波纹一样。当光到达屏幕时，它形成一个明暗条纹的图案（干涉条纹），对应于波互相加强（相长干涉）的地方和波相互抵消（相消干涉）的地方。这是简单直接的中学科学知识，不仅使你了解到光是一个波的事实，而且通过测量干涉条纹之间的间隔，可以很容易地计算出光的波长。

但是，即使在这一层面上，仍有一些微妙之处。你在屏幕上所得到的图案，不是当你让光束依次穿过每一个小孔并叠加在屏幕上时得到的光斑强弱变化的图案；这是干涉如何起作用的一个关键特征。仅让一个小孔开启，在那个小孔后面的屏幕上你会得到一个光斑；仅让另一个小孔开启，会得到第二个光斑。叠加两个光斑会得到一个更大的光斑。但是，干涉意味着当光同时通过两个小孔时，屏幕上的图案比这要复杂得多——不只是因为事实证明，图案中最亮的部分是在当两个小孔单独开启时所得到的两个亮斑之间的中心处，而这里正是你可能预计是暗影的地方。

到目前为止一切顺利。光确实是波。然而不幸的是对于这个简单的情形，也存在着证据表明光是由（被称为光子的）粒子组成的。根据我们日常生活的经验，粒子通过墙上双孔的方式是非常不同于波通过墙上双孔的方式的。

假设双孔是一堵墙上的小孔，并假设你站在墙的一侧，在那里有一大堆石块，你向墙的方向扔石块，一次一块，但不要计较扔的方向是否准确。某些石块将穿过一个小孔，另一些穿过另一个小孔，在墙的后面形成两堆石块。所形成的图案（两堆石块）将与一半时间堵住一个小孔，另一半时间堵住另一个小孔所形成的图案完全一致。在墙的正后面，你肯定不会在两个孔之间得到一堆石块。一次一个粒子穿过双孔不会产生干涉。

当然，如果许多粒子同时穿过双孔，那么容易看出它们有可能相互干涉，互相拥挤在另一侧形成另一种不同的图案。毕竟，我们习惯于水本身是由粒子——水分子——组成的这一概念，可这并不妨碍池塘中的水波形成规则的波纹。设想从灯发出的一群光子像波一样以同样的方式通过双孔是完全可能的。但是当我们把目光投向一次仅一个光子穿过双孔会发生的情形时，神秘变得更加深邃。

需要着重强调的是，20 世纪 80 年代中期在巴黎的一个小组已经进行了这个实验。事实上，他们已经观察到单个光子通过双孔，光子之间互相干涉。在我写作《寻找薛定谔的猫》之时，说明这些情况下光的这种性质非常明显，但是，严格地说，它们并不直接。现在我们知道，当单个光子通过实验时，除了一些可疑的阴影，还会发生什么。

当然，所有我们实际看到的是光通过双孔之后在屏幕上所形成的图案。设想光源变得足够微弱，以至于一个时刻只有单一光子通过实验（实际上，这是物理学家现在所能够做到的，尽管这个技术需要极高的技巧和非常精密的仪器）。现在再设想在双孔另一侧的屏幕是一个感光板，每一个光子的到达都被记录为一个白点。当单个光子通过实验时，在任何情况下，你都会正好看到你所预料到的情形——单一光子离开光源，并在感光板上形成一个单一的白点。但是，随着几百个，而后几千个成百万个光子通过实验，你会看到一个奇异的景象，即感光板上的单个白点聚集起来，正好是典型的波干涉条纹的明条纹，其间为暗条纹。

尽管每一个光子开始时作为一个粒子，到达时作为一个粒子，但它似乎同时穿过了双孔，与自己相干涉，并且计算出自己应在感光片的什么位置出现，为整个的干涉条纹做出微小的贡献。这一行为包含着两个神秘之处：第一，单个光子如何同时穿过两个孔？第二，即使它做了这么个把戏，它又是如何"知道"在整个的干涉图案中自己应该在什么位置呢？为什么每一个光子不沿着同一条路径在另一侧的相同一点上终止呢？

尽管所有这一切都是神秘的，但你可能会争辩光有些奇异。的确是这样。光（严格地讲，应该叫电磁辐射）总是以相同的速度——即光速（用

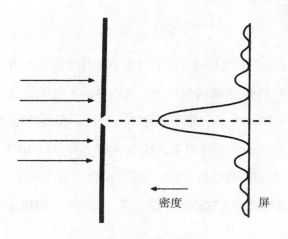

图 2　电子强度分布

通过单个小孔的电子束在与小孔正对的位置上呈现出最大的分布；这是一束粒子束应该表现的方式。

c 标记）——传播。不论你如何运动，不论光源如何运动，当你测量光速时，你总是得到相同的答案。当我们讨论相对论时，我们会看到这有深刻的含义；它肯定不像日常生活中任何其他事物的行为。另外，光子无质量，这是另一个奇异且非常识性的性质。或许光子通过双孔的荒诞行为是由于光子无质量并且以光速传播的缘故；或者，这或许是增加到其奇异性质上的另外一个荒诞性质。正如拉尔夫·拜厄雷恩所表述，"光以波的形式传播，但以粒子的形式离开和到达"。[①] 或许这正是光的那些特殊的性质之一吧。

不幸的是，情况并非如此。你可以用电子做同样的实验——尽管电子不完完全全地是我们日常生活中习惯单独处理的那类粒子，但是它不仅具有质量而且带有电荷，在不同条件下以不同的速度运动。然而电子也以波的形式传播，却以粒子的形式离开和到达。这点很难自圆其说。

△　**电子干涉**

电子是粒子世界的典型部分。它首先由工作于剑桥的卡文迪什实验室的 J. J. 汤姆逊于 1897 年确认为粒子。汤姆逊证实电子是从原子逃逸或轰击出的部分——第一次证实原子不是不可分的。每一个电子具有精确相同的质量（比 9×10^{-31} 千克稍重，这意味着小数点后 30 个 "0" 再加一个 "9"），也具有相同的电荷（1.6×10^{-19} 库仑）。它们可以通过电场和磁场来操纵。根据被推动或拉动的方式不同，电子可以做加速运动或减速运

---

① 参见拜厄雷恩：《从牛顿到爱因斯坦》，第 170 页。

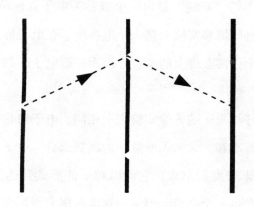

图 3　普遍常识下粒子的运动路径

　　如果普遍常识起到任何引导作用的话，通过一对小孔之一的一个电子或一个光子应该与它通过一个单个小孔表现得一样；按照常识，第二个小孔的存在不应该起任何作用。

动。在许多方式上，电子表现为一个小的且带电的弹丸。

　　然而，直至 20 世纪 20 年代末，即发现电子 30 年之后，才清楚电子也表现得像波。1927 年证实这一点的人之一是乔治·汤姆逊——J. J. 汤姆逊的儿子。远在 20 世纪 80 年代之前，电子这种双重性质——所谓的波粒二象性——的证据已很好地建立起来了。但是直到 1987 年，日本的一个研究小组才真正利用电子进行了双缝实验。

　　在这个日期之前，教科书（包括费曼的书）以及普及读物（包括我的书）已经描述了这样的实验，并确信尽管这些仅是"思想实验"，但是根据有关电子的所有事实，我们有可能说当电子遇到一堵墙上的两个小孔时它们的表现行为会是怎么样。然而，在电子被确认为粒子的 90 年和电子被确认为波的 60 年之后，一个由日立（Hitachi）研究实验室和东京学习院大学（Gakushuin University）有关人员组成的研究小组才实际上做出了电子的双缝行为。

在他们实验中的"双缝"是由一个被称为电子双棱镜的仪器形成的，电子到达的另一侧的屏幕实质上是一个电视屏。在电视屏上每一个电子的到达处产生了一个停留在屏上的亮点，因而相继电子的到达逐渐在屏上形成了一个图案。

实验结果正好与光子的等效实验完全相同。电子源是一个电子显微镜的尖端——一个标准和非常为人所熟悉的装置部分。电子以粒子的形式被从电子"枪"的末端发射出来；它们以粒子的形式到达另一侧的电视屏上，每一个电子产生一个亮点，但是，在电视屏上所形成的图案却是干涉条纹，这表明电子以波的形式穿过了双孔。

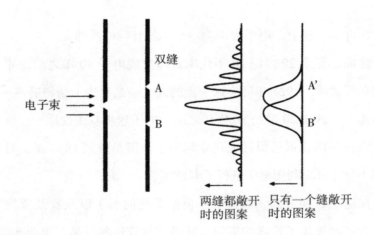

图 4　实际观察到的电子强度分布
电子和光子表现的行为好像它们知道另一个小孔的存在似的：当两个小孔都开启时，我们所看到的图案不同于当每个小孔分别开启时所得到图案的叠加图案。这意味着电子确实是波吗？

你仍可能期望对电子的这种奇怪性质进行诡辩。毕竟，用手不能捉住单个电子。没有人曾见到过一个电子，所看到的仅是电子撞到合适的敏感的屏上时所产生的亮点。从日常经验中我们知道，当掷石块穿过小孔时这些奇特的干涉效应不会发生。日常生活中的石块、棒球以及其他任何东西都不表现出这种奇怪的波粒二象性。

物理学家对此也有一个答案。正如你想证实的，肉眼能够看得见的足够大的粒子穿过双缝时也表现得像波一样，它们确实就具有这种性质。

现在我们讨论的粒子是原子。必须承认，用眼睛你仍没有看见原子，也不能用手掌捉住一个原子。但是在磁场中俘获的单个原子现在可以被拍照。这个（例如，由汉斯·冯·贝耶在《操纵原子》一书中所描述的）成就是非常奇妙的，因为原子的概念仅在 20 世纪初才完全被接受。的确，阿尔伯特·爱因斯坦由于建立了原子的真实性（除了其他事情）而获得了理学博士。尽管原子比电子大许多，但是从日常的标准来看，它仍是非常小的。例如，一个碳原子的质量还不足 $2×10^{-26}$ 千克，这是电子质量的 2200 万倍。一个原子的尺寸约为 1 毫米的一千万分之一，这意味着需要 1000 万个原子并排起来才能够跨过一张邮票边上的一个锯齿。尽管如此，现在单个原子也可以拍照了，它的图像可按"实际时间"在电视屏幕上显示出来。

在 20 世纪 90 年代初，人们才用原子第一次进行了双缝实验。德国的康斯坦斯大学的一个研究小组利用氦原子通过了金属箔上 1 微米（1 米的百万分之一）宽的狭缝，在箔的另一侧为探测器。在这次实验中，干涉条纹的建立不能够直接在电视屏上显示出来，但是对到达探测"屏"上不同部分的氦原子数目的测量表现出非熟悉的图案。这说明原子也是以波的形式传播而以粒子的形式到达的。

20 世纪 90 年代初，其他几个小组也宣布得到了类似的结果。麻省理工学院的一个小组使用了一束钠原子进行这一实验。在所有这些实验中，结果是相同的。双缝实验中的单个原子同时在两条路径上传播，并与自己干涉。这似乎表明，一个原子可以同时在两个位置（两个小孔）上。

（现在）在有关这个题目的最新方法中，科罗拉多的美国国家标准和技术研究所与得克萨斯大学的研究人员于1993年报道说，他们彻底地验证了这个实验。他们不是让原子通过双缝，而是用磁场俘获了一对原子，并利用这对原子作为"小孔"，使光产生反射并测量产生的干涉条纹。结果显示，从原子上反射的光波与从双缝实验中小孔处扩散的光波按同样方式扩散。当然，这种新实验很奏效，因为原子作为粒子，可由磁场俘获并使光产生反射。目前还没有比这种涉及原子——粒子大得可以拍照——和干涉的实验组合更精巧的波粒二象性的例子。

由于这些奇怪的效应没有用石块、棒球，以及其他任何能够操作、触摸和用我们的眼睛能够看到的东西表现出来，因此必然存在某个量子世界规则不再适合的尺度。在介于原子和人类的某个尺度上量子规则失效，而经典规则奏效。这个尺度在哪里和为什么转变出现，就是本文将要讨论的主题。答案正是在我们现实性概念的核心处。

现在必须反复强调的是，所有这些实验已经做过了。结果对物理学家来说并不令人惊讶。自1930年以来，任何合格的物理学家都能够利用量子理论预言实验的结果会是怎么样的。实验结果可能是不同的——即量子理论可能是错误的。但并不是这样，在非常深的水平上，在量子神秘性的核心处，20世纪80年代末和90年代初所进行的关键实验所得到的"答案"与量子物理是完全一致的。那么，量子物理将如何解释这个独特的行为呢？

△ 标准观点

量子世界中事物发展规律的标准解释称为哥本哈根解释，因为其主要部分是由工作于哥本哈根的丹麦物理学家尼尔斯·玻尔发展的。其他人，包括著名的德国物理学家威尔纳·海森伯和马克斯·玻恩也对哥本哈根解释的思想体系做出了重要贡献，但是玻尔始终是最主要的提议者。这个思想体系实质上到 1930 年就完成了，比一个人的寿命短得多。自那以后，它成为涉及量子世界的所有实际工作的基础，并作为激发大学中物理学家进行研究的讲授故事。但是这个体系是基于某些相当奇异的概念构建的。

这个理论体系的关键概念是所谓的"波函数坍塌"。为寻求解释诸如一个光子或一个电子的一个整体如何"以波的形式传播而以粒子的形式到达"，玻尔及其同事描述为正是观察波的作用使波"坍塌"并使其成为一个粒子。我们可以在电子双缝实验中看到这个效应——电子通过双缝时作为一个波，然而在探测屏上"坍塌"成为一个点。

但这只是故事的一部分。一个孤立电子波如何与自己相干涉呢？它怎样选择坍塌于屏幕上哪一点？根据哥本哈根解释，这是因为实际穿过实验的是一个概率波，而不是一个实际波。描述量子波如何运动的方程——由奥地利物理学家欧文·薛定谔推导的波动方程——不是描述像池塘中的水波的一个物质波，而实质上描述的是在一个特定的位置上发现光子（或电子，或其他粒子）的概率。

基于这个图像（这主要来源于玻恩的工作），实际上，没有被观察到的一个电子不是以一个粒子的形式存在的。在这里可能发现一个电子有一特定的概率，在另一处存在着另一个概率，原则上，在宇宙中的任何一处，电子都能够出现。在某些位置上存在很大的概率——即双缝实验中亮

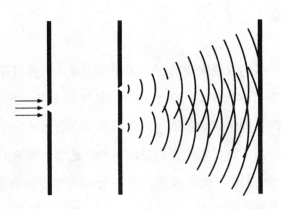

图 5　概率波的干涉

　　图中提出的让人迷惑的标准解释是"概率波"穿过了双孔，并决定粒子束中每一个粒子终止在哪里；概率波的干涉与水波的干涉方式相同。

条纹处，而另一些地方极不可能出现电子——即双缝实验中暗条纹处。但是，实际上电子仍有可能出现在火星上或隔壁电视屏幕上，而不是出现在干涉条纹上，尽管其发生的概率极小。

　　然而，一旦观察电子，情况便发生变化，波函数会（可能在火星上，如果有人正看那里，或更可能在干涉条纹上）坍塌；此时电子是百分之百地在那里。但是一旦停止观察，概率波便开始从那个位置上向外扩散。随着概率波在宇宙中扩散，在你上一次观察的同一位置上发现电子的概率变小，而在另外某处发现一个电子的概率增加。

　　尽管这听起来很奇怪，但是实际上这是一个很有用的概念，因为在实际应用中（例如制造电视机和计算机芯片），我们都在处理无穷数量的电子。如果它们都严格遵守概率和统计规则，这意味着电子的主要部分行为是可以预言的。如果我们知道 30% 的电子将沿着一条路线穿过计算机电路，70% 的电子沿另一条路线，那么，我们就无须担心单个电子沿着哪条路线穿过。同样，一个赌场主知道从长远观点考虑概率规则会使他赢利，虽然偶然的游戏者在一次轮盘赌中可能赢得一个大利。但是阿尔伯特·爱因斯坦非常讨厌这种观点，他做出这样的著名评论："我不相信上帝会与宇宙掷骰子。"当我们认真考虑涉及单个电子或单个光子的实验时其含义是很清楚的。

再次考察双缝实验可更清楚地看到这一方面。这个采用单个电子进行的实验还没有做，但是稍复杂的实验已经证实电子的表现行为方式，且毋庸置疑的是，如果用这种方式进行实验，结果正是如此。

首先，请记住如果一个小孔关闭，（由光或电子）产生的干涉图案会有什么变化——这时干涉条纹消失。显然，如果仅开启一个小孔，电子必须穿过这个小孔（仅这单个小孔）而到达探测屏幕。但是如果你仅仅认为电子是粒子，这本身就很奇怪。穿过一个小孔的电子如何"知道"另外一个小孔是否开启呢？穿过两个小孔中一个小孔的简单粒子既不会知道也不会关心另外一个小孔是否开启。但是即使实验装置使每一个电子离开"电子枪"之时关闭（或开启）第二个小孔，然后在电子到达第一个小孔之前开启（或关闭）第二个小孔，那么电子会"选择"合适的路径到达靶屏幕，并产生正确的总体干涉图案。你可以建立实验装置使其任意开启和关闭第二个小孔。每一个电子在一个小孔上选择的路径取决于此时另一个小孔是否开启。

这似乎表明电子不仅仅知道其邻近区域，而且知道更大的世界。它们不仅仅知道在一个小孔处的条件，而且知道整个实验。这种非局域性是量子力学的基础，而且使爱因斯坦深深地困惑。它是爱因斯坦所指的"超距离作用"的原因，尽管在提出这个说法时他正在考虑非局域性的另一个更奇怪的表现。我将稍后再讨论。

然而，到目前为止，所有的证据都是来自在尝试不同组合的开闭小孔时观察探测屏幕上所形成的图案。我们为什么不观察一下小孔本身正在发生着什么事情呢？设想在实验中沿两个小孔各设置一个探测仪，并且一次只发射一个电子。此时，你就可以观察电子是否就像波一样一次同时穿过了两个小孔，或只穿过了其中一个小孔（或者，是否真的半个电子穿过了每个小孔）。你也可以注意探测屏幕，以便观察许多电子通过了实验之后在屏幕上建立的图案。在这种情况下你会发现，每一个电子总是作为一个粒子通过一个小孔或另一个小孔，它的行为就像一个小弹丸。奇妙的是干涉图案消失，取而代之的是屏幕上的图案变为小弹丸独立穿过每一个小孔情况下所产生的图案（或由石块穿过墙上两个小孔情况下所产生的图案），观察电子波的作用是使电子波坍塌，在它穿过小孔的关键时刻其表现行为就像一个粒子。然而，不要设想我们逃避了非局域性的困惑。实际上，我们只要观察两个小孔之一便会改变图案。如果我们这样做，看到的仅是弹丸般的电子穿过，并且看到适合于屏幕上粒子的图案。通过第二个小孔的电子似乎有一点"知道"我们在观察另一个小孔，因而也表现得像粒子一样。

　　哥本哈根解释的概率方面仍然起作用。假设实验是非常对称地建立的，你会发现刚好一半的电子通过了每一条可能的路径。50% 的电子通过了一个小孔，50% 的电子通过了另一个小孔。没有任何方法事先预言单个电子将通过哪个小孔或在探测屏幕上到达哪一点。就像掷一枚硬币并得到头像的结果，一排中的几个电子很偶然地可能通过同一个小孔。但是当一百万个电子通过了正在观察的两个小孔之后，在探测屏上会有五十万个电子出现在一小团，五十万个电子出现在另一小团。即使当你正在观察电子并且知道它们的行为就像粒子时，概率波仍然起作用。

玻尔论述涉及的不只是单个电子的行为，甚至也不只是一百万个电子的行为，而是整个实验装置，包括电子、两个小孔、探测屏以及观察者。不可能说电子"是"一个波或"是"一个粒子。我们所能说的是，如果实验是按确定方式建立的，且做出确定的测量，你就会看到确定的结果。如果建立的实验装置用于测量波，你会得到干涉条纹；如果建立的装置用来监测通过小孔的粒子，你会看到通过小孔的粒子。甚至你可以等到在电子离开"电子枪"之后，但在决定是否打开在两个小孔处的探测器之前观看粒子；在每一种情况下，最终的结果（屏幕上的干涉条纹）取决于整个实验装置。这种量子世界的整体观点引导我们进入富有哲理的深水中。

△ 深水

哥本哈根解释已经摇摇晃晃地存在了 50 多年。从 20 世纪 30 到 80 年代，绝大多数物理学家都同意这种解释。如果说它是可以用来预测实验结果的一个实用工具的话，这些物理学家并没有关心哥本哈根解释的深层次哲学问题——事实上，有很多人现在也没有关心。但是在近些年中，人们对量子论究竟意味着什么的解释产生了越来越多的不满意。人们正在花费越来越多的精力寻找一个替代的解释。

主要的问题与波函数的坍塌有关系。玻尔告诉我们，必须考虑整个实验，波函数坍塌的方式取决于所有的实验设备。但是这种纯粹的、自洽的实验根本就不存在。量子论的这个解释是在告诉我们，这些东西，例如电子，仅仅在它们被观察的意义上才是真实的。在某种意义上，测量设备比光子、电子以及其他所有的东西都更加真实。这不是我对哥本哈根解释的理解，这是玻尔和海森伯以及他们的同事们所清楚地宣布过的。例如海森伯曾说："实际上，哥本哈根解释将事物和过程作为物理解释的基础，而这些事物和过程又是用经典概念来描述的。"[1]换句话说，在经典世界中，用来构成万物的那些原子在某种程度上不如原子构成的事物更真实。即使是在 20 世纪 30 年代，许多人也认为这是不可思议的，在已经获得了原子照片的今天，这种观点更是难以让人接受。

根据哥本哈根解释，对于双孔实验来说，必须有人参与观察以使系统处于一个确定的状态。海因茨·派格斯在当时（1981 年）是纽约科学院院长，他当然知道量子理论是怎么一回事。他说："对于空间中的某一点例如双孔中的一个，电子的客观存在是没有意义的，这不依赖于实际的观测。只有当我们去观测它的时候，电子才作为一个实体而存在。"[2]但是实验者不仅仅是实验的一部分，他同时也是外部世界的一部分。人和其他事物一样由电子构成。在实验者的体内，是什么原因导致了波函数的坍塌，从而使电子呈现为局域化的实体呢？可以推测，这是与观察者外部的世界相互作用的结果。在这种意义上，又是什么使得观察者外部的世界成为"真实的"呢？是在越来越大的尺度上与更多的东西（和观察者）更多的相互作用。从字面上来看哥本哈根解释，它告诉你一个电子的波函数在检测器的一点上发生坍塌是因为整个宇宙在观察着它。这就太奇怪了。一些宇宙学家（包括史蒂芬·霍金）担心，这个解释表明在宇宙之外还存在着

---

[1] 尼克·赫伯特在鲍尔·戴维斯主编的《新物理学》（剑桥，剑桥大学出版社，1989 年）第143 页引用过。

[2] 参见佩格斯：《宇宙密码》，第 144 页。

什么东西，在观察着整个宇宙以使它的整个波函数发生坍塌。①同时，约翰·惠勒指出："是有意识的观察者，以我们自己的形式，使波函数发生了坍塌，使得宇宙得以存在。根据这个图像，宇宙中的万物之所以存在，就是因为我们在观察它们。我将更加仔细地审视这些绝望的修补和辩护。"然而这种论断从一位德高望重的科学家口中说出，便足以说明我们正处于一个什么样的深水当中了。

另一个问题涉及量子体系的粒子性与波动性的关系。玻尔说这两种特性是互补的，正如硬币的正面和背面是互补的。如果你将一枚硬币平放在桌上，那么结果肯定是要么正面朝上，要么背面朝上，但绝对不会是两个面同时朝上。在哥本哈根解释当中，一个整体，例如一个电子，它既不是波，也不是粒子，而是其他的某样东西。这种东西不能用我们的日常语言来描述。但是它展现给我们的要么是粒子的一面，要么是波的一面，这取决于我们采用什么样的方式去测量它，就好像是我们如何放置量子硬币一样。事实上，这个系统可能还具有其他的特性。我们还没有聪明到足以测量这种特性，且对这种特性一无所知。

这个互补性或波粒二象性，与海森伯发现的著名的测不准原理有关。这个原理的最简单形式是说，我们不可能同时精确地测定一个量子实体的位置和动量。动量测量的是一个物体往何处去，有多快。在很多方面，这是波的一个特性——波必定朝某个方向传播，否则它便不是波。位置是一个确定的粒子的特性——波的本质是向外传播，而粒子有一个确定的位置。我们可以测量粒子的位置，或者我们可以测量一个粒子的运动方向。任何一种情形，我们都可以测量到满意的精度。如果要精确地测量位置，

---

① 可以参阅霍金的《时间简史》或我的《大爆炸探秘》。

将在动量的精度方面牺牲一个可确定的量；反之亦然。

这并不是像在某些教科书中所错误地暗示的那样——仅仅是测量过程中的实际困难所致。这并不仅仅是因为在测量电子的过程中（可能是使光子碰到它并返回），我们可能"踢"到了它，从而改变了它的动量。量子实体不具有精确的动量和精确的位置。在一定极限下，电子并不知道它自己位于何处或正在奔向何方。略微夸大一点就是，如果它精确地知道自己位于何处，那么它将对自己正在奔向何方一无所知。如果它精确地知道自己正在奔向何方，那么它将对自己所处的位置一无所知。尽管在通常情况下，一个量子实体近似地知道自己位于何处和奔向何方。这里一个重要的词为"近似"。尽管用日常生活中的常识很难理解，但是量子体系不能够将自己钉在一个确定的位置上，在奔向何方方面它总存在某些不确定性。

这是非常重要的。例如在核聚变反应中，量子不确定性允许原子核相互接触、相加重叠和连接在一起。而根据经典物理的思想，原子核之间不可能充分靠近。某些核反应正在使星体保持高温。没有量子不确定性，太阳就不会发光。[①]

这些思想非常难以处理，但是我不会向你讲解这些思想的发展史，也不会向你展示这些思想的证据——事实上量子世界正是这样运作的。许多其他的书，包括我自己的书，现在都可以用来补足那些细节。在本书中我更加关心的是哥本哈根解释在何处失效，以及什么解释可以代替它。尽管在量子水平上，不确定性确实是鲜活的事实，但它在日常生活中却并不出现。其原因正如波粒二象性在日常生活当中并不出现一样。

---

① 参阅我的书《因光致盲》。

在量子先驱马克斯·普朗克之后，描述这些现象的方框中都包含着一个普朗克常数。与日常生活当中的质量和动量相比，普朗克常数非常之小，它的值仅为 6.55×10^{-27} 尔格/秒（不要担心单位的问题，重要的是质量要用一个相应的单位——克来度量）。只有当物体的质量小到跟电子差不多（电子的质量为 9×10^{-28} 克）时，量子效应才变得显著。当处理质量比原子质量大很多的对象时，除了任何比原子大的物体本身都是由原子来构成的这一事实，其量子效应是如此之小，以至于它们的影响可以忽略不计。

到了这里，有必要停下来喘口气，体会一下量子世界距离我们的日常生活究竟有多远。10^{-27} 意味着十亿分之一的十亿分之一的十亿分之一。如果一个物体的尺寸为 10^{-27} 厘米，那么在 1 厘米的空间内就可以依次旋转十亿十亿十亿个这样的物体。如果我们将十亿十亿十亿个 1 厘米见方的物体（例如糖块）挨个儿依次摆放在一起，那么这些物体将覆盖多长的距离呢？答案是 10^{27} 厘米。这有多长呢？好，在天文学中标准的长度单位为光在一年内走过的距离（1 光年），为 10^{18} 厘米。所以 10^{27} 个糖块肩并肩地摆放，它们所覆盖的距离为 10 亿（10^9）光年。在宇宙当中已知的最远的物体——一些类星体，大约有 100 亿光年那么远。所以 10^{27} 个糖块将覆盖与最远的类星体之间距离的十分之一。做一个类比，量子世界运作的尺度与糖块相比来说，远比糖块与整个可见宇宙相比还要小。用另一种方式来描述，人的大小差不多位于量子世界和整个宇宙的大小的中间。在这种数量级的标度下，我们宣布能够理解在两种极限情况下到底是什么样子的。

我们并不期望像砖块、房屋、人这样的物体表现出波粒二象性，因为这些物体与普朗克常数相比是如此之大。物理学家们期望量子物体呈现波粒二象性，尽管哥本哈根解释的一个主要特点就是你不能同时看到这两个方面。对此，玻尔非常直率，他宣布在原则上不可能同时观察一个实体（例如光子或电子的波的特性和粒子特性）。对于玻尔和哥本哈根解释来说，非常不幸，实验家们现在正在挑战这个宣言，这些我们在后面将要看到。

关键问题是哥本哈根解释提供了一系列菜谱——涉及不确定性、波函数的坍塌、概率、观察者的地位，以及实验的整体论。物理学家们可以用它们来预期实验结果。在这种意义上它是实用的，但是它并不能解释任何事情。这个认识并不新颖。爱因斯坦曾经花费了他生命中的 10 年时间与玻尔展开友好的论战。他努力说明哥本哈根解释的悖论性。关于量子悖论的一个著名的例子是由薛定谔发展起来的，他曾经用这个例子来试图说服他的同事，使他们认识到这一整套思想是如何荒唐，是应该弃掉的。当然，我这里参考的还是那个著名的盒子中猫的思想实验。正因为这个实验为大家所熟悉（到 1995 年这只猫已经 60 岁了），所以它仍然值得拿来作为一个例子，用以说明任何修正后的量子理论——任何真正能够解释事物的理论——都必须解释的问题。

△ 盒子中的猫

哥本哈根解释中最为奇怪的事情之一就是，有意识的观察者在决定微观世界中发生了什么时的地位，这个问题在盒子中的猫的实验中表现得最为清楚。这种情形的最简单例子就是假想一个盒子中只包含一个电子，如果没有人往盒子里面看，那么根据哥本哈根解释，在盒子中的任何一处找到电子的机会是均等的——伴随着电子的概率波均匀地分布在盒子中。

现在假设仍然没有人观察盒子，一块隔板自动落在盒子中间，将原来的盒子分隔成相等的两半。常识告诉我们，电子必定位于盒子的这边或那边。但是哥本哈根解释告诉我们，概率波仍然均匀分布在两个一半的盒子中。这意味着在盒子的任何一边找到电子的概率是相等的。只有当有人往盒子中看，并注意到电子位于盒子的一边时，波函数才发生坍塌，电子才变成"真实的"，同时盒子另一半中的概率波消失。如果你将盒子重新关闭起来，停止对电子的观察，这对概率波马上传播开去填满电子所在的那半个盒子，而不会传播回电子曾经所处的盒子的那一半中去。①

物理学家鲍尔·戴维斯简明地概述了这种情况：在观察之前，有两个模糊不清的电子"幽灵"分别位于两个隔离室之中，等待一个观察者使得其中的一个变成"真实的"电子，同时导致另一个彻底地消失。② 在这里"同时"一词也是非常重要的，它给出了非局域性在起作用的另一个例子。但是，在我进一步讨论它的含义之前，我想解释一下，即薛定谔是如何演示下述论断——观察者使得位于盒子的这一半或另一半的电子成为真实——的荒谬性的。

薛定谔的迷惑最初于 1935 年以印刷品的形式出现。这个迷惑需要建立一个量子环境，其中有两种结果出现的概率是均等的。当这个实验进行时，它在原始的例子中使用了放射性衰减技术，因为放射源也符合概率规则。依据位于分隔后的盒子中的电子的问题，我们很容易想象这个实验。薛定谔本人也参考了在一个钢做的隔离室中进行的实验。这个实验用量子力学的术语来描述，那就是盒子中的猫的问题（盒子中还有其他东西）。

---

① 至少不是等概率的。将有非常小的概率使电子位于盒子的另一半，或在整个盒子的外面。但是在本实验中那种概率可以忽略不计。

② 参见《原子中的幽灵》，第 22 页。

我希望在更一般的意义上解释术语"隔离室"，它能给猫提供一个空间，使猫在其中自由自在地生活，但这些丝毫不影响薛定谔论断中的要点。设想一下我刚才描述的整个系统——一个分隔成两半的盒子、一个电子和一块自动滑移的挡板——放置在一间没有窗户的、封闭的屋子里面的一张桌子上，挡板已经自动滑移，将盒子等分成两半，电子在任何一边出现的概率相等。在盒子外面有一个电子检测器，这个检测器连接到一个设备上，如果检测器检测到一个电子的话，这个设备将向屋子内释放毒气。在屋子的一个角落里有一只猫，在安静地享受它自己的生活。薛定谔将这个设备描述为"恶魔设备"，不过请记着，这仅仅是一个思想实验，并没有一只真正的猫曾遭受过我正要描述的虐待。

薛定谔让我们想象一下，如果恰好是装有电子的盒子的那一边自行打开，允许电子跑出来，那将会发生什么事情？现在仍然没有人去观察在这间锁住的屋子里面到底发生了什么。根据哥本哈根解释，仍有 50% 的概率让电子位于仍然封闭着的盒子的那一边，但是现在也有 50% 的概率让电子跑到屋子里面。既然这是一个思想实验，我们就可以设想检测器非常敏感，以至于它可以精确地检测到跑到屋子中任何一个角落的电子。如果电子已经从盒子中跑了出来，那就应该被机器检测到，从而就将触发设备释放毒气，将猫杀死。

即使没有人去观察，你也可能会想象出事情的结果：要么电子从盒子中跑了出来，要么没有跑出来。如果电子已经从盒子中跑了出来，那么，当它被检测器"注意"到时，其波函数将会发生坍塌，从而猫就倒霉了。但是玻尔说："常识告诉我们的是这个观点错了。"

量子理论的标准解释告诉我们，因为电子检测器自身也是由量子世界的微观单元（原子、分子等）构成的，在这个水平上与电子相互发生作用，检测器也要遵从量子规则，包括概率规则。根据这个图像，只有当有人打开门往屋子里面看时，整个系统的波函数才会发生坍塌（这个人最好戴上防毒面具，如果他还想保证自己处于清醒状态的话）。在那个时刻，也只有在那个时刻，电子才"决定"自己是在盒子里面还是外面，检测器才"决定"自己是否检测到了电子，猫才"决定"自己是死是活。哥本哈根解释将在有人往屋子里面看之前的状态称为"叠加态"——或者用薛定谔的话说："活猫和死猫混合在一起，或者是以相等的份儿掺和在一起。"[1]

你可以想象屋子里面有一只猫，在同一刻它既是死的又是活的，或者它既不是死的又不是活的，暂停在地狱的边缘，随你怎么看。但是根据哥本哈根解释，你却不能想象为在有人观察之前，屋子里面有一只死猫，或者仅仅是一只活猫。

这个论断的所有用意就在于突出哥本哈根解释的悖论性，所以如果你能够在其中找到漏洞也不足为怪。一个明显的迷惑就是你如何定义一个"有意识的"观察者。猫自身是否足以知道它自己是否已经吸入了毒气，已经死了呢？难道猫对于屋子中所发生事情的反应与一个作为观察者的人往屋子里面看有什么不同吗？你将在什么地方划分界线呢？从人的标度往下看，一直到量子世界。请问，一只蚂蚁可以使波函数发生坍塌吗？一个细菌呢？

换一个角度来看这个迷惑，即从量子世界往上看。因为电子设备是由量子实体（例如原子和分子等）构成的，所以我们有充足的理由说检测器不能使波函数发生坍塌。但是人（或猫）也是由原子和分子构成的，如果

---

[1] 参见《量子理论和测量》，第157页。

检测器不能使波函数发生坍塌，那么为什么我们能呢？在这种意义上，生命对于有意识的观察者来说是必要的吗？当一个非常复杂的计算机往屋子里面看时能使波函数发生坍塌吗？

离开原始的电子，再往前走一步，如果一个人进入屋子去看猫是否被毒死了，这时这个人便是屋子里面唯一的一个人，那么这时的情况又会怎么样呢？严格的哥本哈根解释说，叠加态（薛定谔的涂片）包围着这个观察者，直到屋子外面的其他人来观看实验结果（或者打电话进来询问情况怎么样）时为止。在有人观察之前，不仅是猫，作为观察者的人也是处于地狱的边缘。那么又是谁来观察屋子之外的这个人，从而使其波函数发生坍塌呢？难道这整个的过程可以这么一直倒退着进行下去吗？

关键的问题是：量子概率性和我们所认为的真实性之间的分界线在何处？一个系统在成为"真实的"、能够使波函数发生坍塌之前应该包含多少个分子？为了使系统完成这个功能，这些分子必须如何排布？

这就是那种目前还在使哲学家和量子力学家蒙受压力的迷惑。他们都知道量子力学是实用的；同时，他们都想知道它为什么是实用的，都想为没有人观察时封闭屋子里所发生的事情构造一个可理解的图像。盒子中的猫这个简单实验带来这样大的迷惑，但量子迷惑不止这些。在我讲量子力学的意义之前，我想借助薛定谔的猫的儿女来揭示更深层次的神秘性。

△ 真实性的另一面

没有人真正想把一只猫按这种方式锁起来，然后看一下到底会发生什么情况，但这却表明了物理学的发展是多么具有戏剧性。就在薛定谔设计出他的盒子中的猫的迷惑之前，爱因斯坦已经构想出另一个思想实验，这个思想实验在 20 世纪 80 年代已经变成了现实。然而，爱因斯坦却没能活到这个思想实验变成现实。盒子中的猫这类迷惑设计出来仅仅是为了突出量子理论的悖论性。当爱因斯坦的思想实验最终被真正实现的时候，量子理论已经取得了辉煌的成就。

并不是爱因斯坦独自一人提出这个奇特想法。这个思想是在 20 世纪 30 年代早期他来到普林斯顿后不久，与玻利斯·波多斯基和内森·罗森共同发展的。这个迷惑于 1935 年以他们三个人的名义发表。就在同一年，薛定谔发表了他的盒子中的猫的悖论。爱因斯坦等人的这个思想被称为 "EPR 悖论"，因为它揭示了量子真实性的非逻辑性（不符合常识）。

美国物理学家戴维·鲍姆于 1951 年定居英国。他对这个迷惑进行了提炼与加工，但在那个时候这仍然是一个纯粹的思想实验。然后，到了 20 世纪 60 年代中期，在欧洲核子研究中心（CERN）工作的爱尔兰物理学家约翰·贝尔发现了一种根据实验来表述这种迷惑的方式。其实验基础为，在原则上，光子可以自动地由原子朝两个方向成对地发射。那时，即使是贝尔本人也没有认为这个实验是切实可行的。但是在 20 年之后，几个研究人员接受了这一挑战，测量贝尔所描述的关系。这些实验中最全面的和最富结论性的部分是由工作在巴黎奥森的阿兰·阿斯佩（Alain Aspect）与其同事在 20 世纪 80 年代早期完成的。他们不容置疑地证明：是常识（和爱因斯坦）错了，非局域性确实在支配着量子世界。阿斯佩检验的是我将要在这里描述的 "EPR 悖论" 的贝尔版本。

在阿斯佩实验中测量的是光的偏振。偏振是指光的每个光子都携带着一个箭头，这个箭头朝上、朝下、朝旁边或两者之间的某个方向。偏振光具有很多奇怪的特性，其中的一部分放在后面讲述，我在这里所强调的是有可能测量光子偏振的不同方面，并且这些特性与量子规则相关，并与量子规则一致。将实际情况略做简化，一个光子必定朝上，而另一个光子指向另一边就有可能是真的。但是在规则当中并没有说明哪一个光子指向哪一个方向。当两个光子从原子发射出去以后，就像薛定谔的猫一样，在有人测量它们的偏振之前其以叠加态的形式存在。只有在有人测量它们的偏振时，那个光子的波函数才坍塌成一种可能的状态——可能指向上方。同时另一个光子的波函数坍塌为其他状态——在这种情形，指向另一边。没有人在观察另一个光子，在进行测量的时候这两个光子可能相距非常遥远（原则上在世界的两极），然而，当一个波函数发生坍塌时，另一个也同时坍塌，这就是爱因斯坦所称的"幽灵般的超距作用"。就好像是这两个实体（在这里是两个光子）永远地纠缠在一起，所以当其中一个受到刺激而颤动时，另一个同时发生颤动，不管它们相距多远。

爱因斯坦特别讨厌这一点，因为他的相对论就是建立在这样一个基础之上：光总是以同样的速度传播。任何东西的传播速度都不能由低于光速提高到高于光速。根据相对论，没有任何东西能瞬时穿过空间连接两个粒子。我们将会看到，相对论的含义甚至超出了爱因斯坦的认识。但是就在那个时候，特别是对爱因斯坦来说，相对论不允许这种超距作用的存在。

但是，怎么才能从实验上获得支持（或反对）这种"幽灵"般的超距作用的证据呢？测量两个光子是没有用的。你总能够得到正确的答案（在这个实验当中，一个朝上，一个朝一边），但你决不会看到"这种瞬间连接的过程"。通过这些测量，你能够说的是，正如常识告诉我们：每个光子的特性在它离开原子的时刻已经被决定了。这种超距作用——非局域性——与三个相连接的测量（在阿斯佩的实验中是三个偏振的角度）有关，但实际上只测量了其中的两次，每个光子一次。

因为偏振是大家不熟悉的一种特性。按颜色来考虑可能会有所帮助。阿斯佩小组曾被警告说，他们通过这种方式测量的并不真正是颜色。假设原子发射的不是成对的光子，而是成对的带颜色的粒子，就像小的台球一样。每个小球的颜色可以是红的、黄的，或者是蓝的，但在成对的小球中，其颜色肯定是不一样的。

还是回到用量子的语言来描述，当一个原子沿相反方向射出两个小球时，哥本哈根解释告诉我们，任何一个小球都没有确定的颜色，而是处在三种可能状态的叠加态。当实验者看其中一个小球时，它的波函数发生坍塌，便具有了确定的颜色。同时，另一个小球的波函数发生坍塌，它呈现的颜色是剩余的两种之一——但是从我们的单个测量中，却无法知道是哪一种。

现在，我们有可能测量出一个小球的颜色是蓝的。这个问题的答案给了我们一个信息——另一个小球的波函数坍塌了，这是关于另一个小球的状态的信息，但绝不是关于另一个小球的状态的完整信息。假设我们测量的结果是蓝色，那么另一种小球的颜色就必定为"红"或者"黄"。我们测量的唯一的另外一种可能就是它的颜色"不是蓝"。在这种情形下，我们没有确定小球的颜色是红还是黄，那么另一个小球可以呈现的颜色就是这三种可能之一。但是出于下面的原因，它更可能是蓝，而不是红或黄。

如果第一个小球是蓝色的，那么第二个小球要么是"红色的"，要么是"黄色的"。因此，第二个小球是红色或黄色的概率都是50%。然而，如果第一个小球的颜色"不是蓝色的"，那么它自身的状态就有两种不同的可能性。首先，它可能是红色的。如果是这样，那么第二个小球要么是蓝色的，要么是黄色的。其次，第一个小球可能是黄色的。如果是这样，那么第二个小球要么是蓝色的，要么是红色的。因此，对于第二个小球来说，现在有四种可能。其中有两种都是蓝色，一种为红色，一种为黄色。即第二个小球为蓝色的可能性为50%，而为红色或黄色的可能性各为25%。当然，它必定是三种颜色之一。它们一旦被观察，那么有把握，概率便立即上升为100%。

对第一个小球状态的测量，改变了当我们测量第二个小球时发现一种特定颜色的优势。为了看到这个优势是如何随着对第一个小球的测量方式的改变而改变，你不得不对许多小球做许多次测量。就像是为了看到硬币的正面和背面出现的概率相等，你必须抛掷许多次一样。但是关键问题是，贝尔证明如果非局域性在起作用，那么统计图样就应该与每个小球在离开原子时就"选择"自己的颜色，并在以后的时间保持不变时应该出现的图样不一致。

根据这个术语，在实验中沿着下面这样一条线对两个光子同时询问一对问题："一个光子是不是蓝色的，另一个光子是不是黄色的？"我们也可以这样问："一个光子是不是蓝色的，另一个光子是不是红色的？"对许多对粒子将这种测量重复许多次，你就会得到一系列答案。这些答案确定了一对粒子的颜色分别是"蓝色和不是红色"的概率有多高，一对粒子的颜色分别为"不是蓝色和不是黄色"的概率有多高，一对粒子的颜色分别为"蓝色和不是黄色"的概率有多高，等等。贝尔证明，对于这样的问题，你如果对许多对粒子询问许多次，那么，你所得到的答案就会呈现出一个统计图样。通过这个统计图样，我们就可以看到与"不是蓝色和不是红色"这种组合以及所有其他可能的各种组合相比较，"蓝色和不是黄色"这种组合出现的概率是高还是低。我所强调的是，在你看它们之前，量子物体不决定自己呈现出哪种颜色，而日常生活中的粒子在离开原子的那个时刻就选择了自己的颜色，并且在以后的时间里一直保持不变。量子世界的统计图样与日常生活中的统计图样不一致。

贝尔证明，如果常识是对的，那么，如果某一套测量——第一个图案，我们称其为图样 A——出现的概率，总比另一套测量——第二个图样，我们称其为图样 B——出现的概率高，那么通常的逻辑告诉我们，图样 A 比图样 B 更为一般。但是阿斯佩的实验（以及许多其他的同类实验）证明这个不等式被违反了。图样 A 出现的次数少于图样 B 出现的次数。

尽管使用数学语言来表达，但是这个论断是基于常识中的逻辑的。例如，常识中的逻辑告诉你，全世界十几岁的总人数必定小于十几岁的女人的人数加上所有年龄的男人的数目。用术语来描绘就是，阿斯佩的实验结果发现全世界十几岁的人的总数比十几岁的女人数与所有年龄的男人的数目之和还要多。贝尔不等式的违反意味着非局域性在起作用，这样量子理论就被证明了，尽管我们仍然不知道这到底意味着什么。

贝尔本人将量子理论称为"仅仅是一个临时性的尝试"。[1] 他一直希望物理学家们能够提出一个理论，这个理论甚至能够根据真实的世界来解释这些奇怪的性质，而真实世界在我们没有对它进行观测时也是存在的。但是在这个意义上，阿斯佩的实验结果正好与他的期望相反（根据量子理论以前取得的成功，这并不与他的期望相反）。后来，他对物理学家尼克·赫伯特说，他"非常高兴地看到在一个粗糙和模糊的领域中，有一些东西是坚固的和清晰的"，即使有些事情已经跑到了常识和他自己成见的对立面。[2]

---

① 参见《原子中的幽灵》，第 51 页。
② 给赫伯特的信，参见赫伯特：《量子真实性》，第 212 页。

将阿斯佩的实验翻译成简单一点的例子，那就是如果一个原子沿不同的方向发射两个粒子，那么量子规则要求其中一个是红的，另一个是黄的，但是规则中并没有指明哪一个是哪一种颜色。这两个粒子都处于叠加态，直到有意识的观察者注意到其中一个的颜色是什么为止。就在那个时刻，那个粒子的波函数发生坍塌，另一个粒子的波函数坍塌成另一种颜色。值得再一次强调的是，这不仅仅是疯狂的理论家的一些狂妄的梦想，也不仅仅是精心设计出来的思想实验。这个非局域行为已经在一个光子实验中得到了验证。将这个实验轻微地重新设计一下，使其涉及一个电子和一对小猫。我们可以更新薛定谔的著名的思想实验，使其能够考虑阿斯佩的违反贝尔不等式的测量，来彻底地看一下非局域性和超距作用到底意味着什么。

△ 薛定谔的猫的儿女

现在已到了关键时刻。这里有一个全盛时期的基本问题。

想象一下，薛定谔的猫有两个孪生儿女——两只小猫。它们分别生活在两个空间小盒子里面。盒子内装备有自动设备可以照料它们，并提供大量的食物。这两个空间小盒子通过一根很窄的管道相连接，这根管道分别连接到两个小盒子的一个角落。在管道的中间有一个小盒子，在小盒子的中部有一块自动滑移的挡板，小盒子当中只有一个电子。这两个空间小盒子中分别装有一台通用的恶魔设备。如果有电子从管道跑到小盒子中来，恶魔设备将把相应的猫杀死。装有电子的盒子位于管道的中部，它将管道彻底堵住，什么东西都不能从一个小盒子通过管道进入另一个小盒子。盒子的两边也都是滑动的挡板。

请记着，只要没有人进行观察，概率波便均匀地充满整个盒子。当盒子中的挡板将盒子等分为两半时，电子在挡板一边的概率为50%，电子在挡板另一边的概率也是50%。当盒子的两边移走之后，概率波将传播出去，分别进入两个空间小盒子。如果连接两个小盒子的管道现在被自动分隔开，分隔线恰好位于分隔盒子的挡板的中间。这样，我们便有了两个互不连通的小盒子，每个小盒子中包含一只猫，这只猫被自动设备照料着；一台恶魔设备，如果检测到一个电子，那么就把猫杀死；还有50%的电子概率波。现在，电子概率波、恶魔设备和猫都处于叠加态。

因为这仅仅是个思想实验，我可以给假想的空间小盒子装备物理规律所允许的、最好的推进器。当然，推进的速度不能超过光速而违反爱因斯坦的相对论。我们也假设这两只小猫是强健的、长寿的（在恶魔设备允许的情况下）。现在，两个小盒子分离，自动火箭点火，推动两个飞行器沿相反的方向在空间飞行。它们旅行了几年。最终，其中的一个到达了一个遥远的星球，那里有一个有意识的观察者。到那时，另一个小盒子已被一个有着超级效率的火箭推动着沿相反的方向到达一光年之外的地方。

看一下小盒子里面发生的事情肯定会让你感到惊奇，那个有意识的观察者打开小门，瞅了一眼。就在那个时刻，小盒子中所有事物的波函数发生坍塌。这个坍塌"决定"了原来那个电子是否进入所研究的那个小盒子。如果进入，猫就死了——一旦进门观察，电子就从盒子中被释放出来，猫就死了。在同一时刻，这个观察者看到一只死猫，另一只猫就从其叠加态中释放出来，"成为"活的。当然，情况也可能会反过来，这个观察者打开盒子发现一只活猫。在那种情形，这个人的观察就决定了另一只猫的命运。并不是在同一时刻每一只猫既是死的又是活的。而好像是，在空中飞行的这几年中，一只猫是死的，一只猫是活的。只不过完全不清楚哪只猫在哪个盒子里面。又好像是每个盒子中都装有两个鬼，这两个鬼分别代表历史的两个版本。在进行观察的一瞬间，一个成为真的，另一个便消失了。

就哥本哈根解释而言，选择哪一种解释在很大程度上取决于你，在这个问题上没有官方"解释"。哥本哈根解释指出的是，如果你对几千对猫都做几千次同样的实验，那么就会发现，在外星球上的猫当中一半是死的，一半是活的，而与其对应的那些猫总是处于相对立的状态。标准的哥本哈根解释甚至没有说明推理的过程以及非局域的超距作用问题。当波函数发生坍塌时，立即有一个信号从一个小盒子发出，到达另一个小盒子。从某种观点看，这里面涉及一个时间旅行的问题。

你可能会这样认为，"观察"这一行动发出的信号不仅仅在空间传播，而且沿着时间反方向传播，回到电子被释放的那一个时刻，便决定电子进入哪一个小盒子。事实上，这个观点并不比信号立即穿过空间的思想更难以消化。因为根据爱因斯坦的相对论，如果一个信号的传播速度超过了光速，那么，它也就是在沿着时间的反方向传播（当然，这正是这种"超光速"信号被误认为不可能的原因）。

接收信号沿时间反方向传播的可能性看起来是偏激的，但也有一些优点。如果它可以加入一个关于量子世界的可理解的解释的话，就可以摆脱掉薛定谔的猫及其儿女的命运所确定的"幽灵"般的叠加态。贝尔本人曾经说过，如果让他选择，他更倾向于维护客观真实的思想，并放弃信号的传播速度不能超过光速这一思想。[1] 但为了理解为什么这既是一个极端的

---

① 参见《原子中的幽灵》，第 50 页。

选择，又（可能）是一个守得住的选择，我们需要对光的本性有更多的了解。这些性质对于物理学家理解相对论和量子理论都是至关重要的。

如果你是那种读神秘小说时先读最后一页的人，如果你认为你已经知道了相对论和量子物理的标准解释，那么现在无论如何你都要看一下这里的跋①。如果你已经看过了，就下决心回过头来读一下本书的其余部分。因为像所有的好的神秘小说家一样，我已经在其中藏了很多娱人的把戏。这些把戏可以不时地给你娱乐感受。其中一些把戏，就像好魔术师的把戏一样，涉及镜子。它们都反映了光自身的神秘本性。

①　此处应指结语。

第一章 | 古代光学

在科学中，什么东西是古旧的，这取决于你的看法。那些描述宇宙及其如何运作的理论和数学模型，凡是与量子力学不相符的，一般归为"经典"理论。照这个标准来说，艾萨克·牛顿正如阿基米德一样，一点不差全是"经典"科学家。实际上，照此定义，爱因斯坦的两个相对论也属于"经典"理论。可是，到 20 世纪，物理已建立在量子理论和相对论这两大支柱之上。这两支科学都始现于 20 世纪初，都改变了科学家对这个世界的看法。因此，从另一个观点来看，科学经典史止于 1900 年。正是在这种意义之上，在描述光学研究时，我用了这种说法，是指从古希腊人对光的认识到 19 世纪麦克斯韦证明光是一种形式的电磁辐射为止的这段时间。

早期的哲学家们认为光产生于眼睛，大体上像灯塔的光束或盲人的探路手杖那样伸展出来，"感觉"出世界的模样。生于公元前 5 世纪的恩培多克勒（Empedocles）曾经提出每种东西是由四种元素（土、气、火、水）组成的观点，描述了阿芙洛狄忒[1]如何从四种元素中造出眼并由爱而合成的。她在宇宙之火中点燃了眼睛之火，使眼睛可以像灯笼一样照进世界，从而可以看到东西。

恩培多克勒认识到光不仅仅是这些，他认为晚上的黑暗是由于地球挡住了太阳的光。生活在公元前 3 世纪的伊壁鸠鲁（Epicurus）持有类似的观点。他的观点由罗马人卢克莱修（Lucretius）进行了总结，他于公元前55 年在《关于宇宙的本性》一书中说："太阳的光和热是由非常小的原子构成的，当它们被推下来时，立刻就沿被推的方向穿过了空气中的间隙。"从现在的眼光来看，这是一个相当精确的描述，但它并不代表当时大多数人的想法。视觉与眼睛中发出的某种东西相关，这一观念维持了很长时间。生活在公元前 428 年到公元前 347 年的柏拉图[2]，描述了外部的光和内部之光的结合。生活在公元前 330 年到公元前 260 年的欧几里得，则对包括"视觉"工作的速度在内的问题感到担心。他指出，如果你闭上眼睛，然后睁开，你立刻就能看到最遥远的星星，而你的视觉要先到达星星处，再返回来。

虽然我们觉得这些想法很奇怪，但直到公元后的第一个千年末，这些观点并未受到严重的挑战。当然，原因之一是西罗马帝国灭亡后，欧洲文明崩溃，进入了黑暗时代。罗马人从未对科学表现出太大的兴趣，在恺撒时代，亚历山大的大图书馆不慎毁于大火，很多希腊人的教诲都化成了青烟，从那时起，学术便从未恢复过来。罗马帝国灭亡时，更多的书被毁坏或丢失了，在随后的一千多年里，欧洲残存的这种科学只剩下对古代的景

---

[1] 也称维纳斯，古希腊性爱与美貌女神——译注
[2] 本书作者所举历史名人生卒年与《辞海》有出入，此处依从作者观点，仅供参考，后文不再作注说明。——编注

仰，以及设法保存古人残存的片断教诲。

第一个在某些学术领域超出古希腊人的科学家是一位阿拉伯学者，他生活在公元965年到1038年间，正处于伟大的伊斯兰文明顶峰。我们对古代世界及其学术思想的认识大部分来自阿拉伯人留下的文献，这些文献首先被从希腊文或其他语言译为阿拉伯文，并在以后的年代里从阿拉伯文译成欧洲的文字。很多情况下，阿拉伯世界获得的材料来自东罗马帝国——拜占庭帝国；拜占庭在罗马帝国灭亡后继续存在了约一千年，直至1453年。拜占庭和阿拉伯世界的关系至少是比较频繁的，包括文化思想交流。

阿拉伯人继承了古人的思想并做了进一步的发展（包括我们现在使用的阿拉伯数字）。他们为欧洲留下了丰厚的遗产，这些遗产对重新点燃科学探索之火起到了主要的作用。对光的研究即是一例。

△ 第一个现代科学家

阿布·阿里·本哈桑·伊布·哈旦是中世纪最伟大的科学家，他的很多成就在伽利略、开普勒、牛顿时代前的500年里无人超越。他在欧洲被称之为海桑。他写了很多书（我们现在称其为科学论文），涉及科学和数学的很多方面；但他最伟大的成就是关于光学的七本书，作于公元1000年前后。这些工作在12世纪末被译为拉丁文（直到牛顿时代后的很长时间，它一直是欧洲受过教育的人所使用的语言），但直到1572年才在欧洲出版（拉丁文），书名是《光学分类词典》。这本书被广泛研究，并对欧洲17世纪发起科学革命的思想家产生了深远的影响。

海桑认为视觉并不是由眼睛发出光来探测周围世界而产生的，而只是光从外部进入眼睛的结果，他用几个逻辑论据来支持这一观点，第一个即所谓的"后视图像"。如果你盯着亮光看半分钟，然后闭上眼睛，你还能看到亮光轮廓，一般与原来的颜色不同（补色）[1]。这种后视图像在你睁开眼后依然存在，即"眼前的斑点"。经过推理，海桑认为这只能是外部某种东西作用于眼睛的结果，并产生了一个很强的效果，以至于闭上眼睛时这一效果依然存在，因为这时光既不能进来也不能出去。

此外还有一些例子，海桑视光为从外部进入眼睛的效应。但是他对光学发展最有影响的思想在于他对"黑暗的房子"中成像方式的理论，我们现在称之为"暗房"（或"暗室"）。这种现象古人自然早已知道，但对此明确的描述却是最早见于海桑的文章。要观察这一现象，可以在阳光明媚的天气里，待在一间黑暗的房子里，在窗户上蒙一块厚布。在厚布上开一个圆珠笔滚珠大小的孔，让光从这个小孔进入房间。这时在正对窗户的墙上就会投影出外面世界色彩斑斓的影像，但它是倒立的。

这种现象十分惊人和有趣，时至今日的电视时代，在一些城市（包括苏格兰的爱丁堡）建立了现代版的"黑暗的房子"来招揽游客。同样的现象也出现在针孔相机中，这里的"房子"可能是鞋盒或其他大小相当的东西，在一头有一个小孔，在小孔对面盒壁被剪开，贴一张透射纸做屏幕。让这个屏幕和你的头处于黑暗中（例如拉起衣服把头包起来），而把小孔向外放在有光的地方，你就会在这个小屏幕上看到外面世界的倒影，"黑暗的房子"最终发展成了光学相机。但它是怎么工作的呢？

正如海桑所认识到的，最重要的一点在于光是沿直线传播的。假设在

---

[1]　但千万不要直接观察太阳，即使一小会儿也会对眼睛产生永久性伤害。

远处正对着"黑暗的房子"的窗户有一棵树，从树顶发出的光线经过小孔会向下走，打到对面墙上接近于地面的一点。而从树根发出的光线会向上走，穿过小孔打到接近房顶的一点。从树的其他点发出的光线经小孔会打到墙上相应的点上。这样便出现了一幅倒立的树的图像（以及花园中其他的景物）。

海桑认为光是由一束微小的粒子组成的，在太阳上产生，照亮地球，它沿直线传播并在碰到物体时弹回去。光从太阳出发碰到花园里的树上而弹起来，通过窗帘上的小孔，碰到"黑暗房子"的后墙上并最终进入你的眼睛。这样你就在"黑暗的房子"中看到了图像。海桑还想到了光不能以无限的速度传播，虽然它的传播速度必然很快——考虑这样的现象，把一根直棍的一端放入水中，棍看起来像是弯的，他认识到这种折射现象是由于光在水中和空气中传播速度不同引起的。他还研究了透镜和曲面镜，发现透镜的曲率使它能通过折射而把光全聚起来。

但 11 世纪时的欧洲并没有做好准备。第一个接过海桑传下来的接力棒的人是开普勒，他生活在 1571 年到 1630 年，主要成就是发现了行星绕太阳运动的定律。早在 17 世纪，基于海桑在《光学分类词典》中的论述，开普勒用小孔相机同样的原理解释了人眼。光从瞳孔射入，并在眼睛后部的视网膜上成像，显示出外界的图像。这一解释留下了一个令人困惑的问题——视网膜上的图像是倒立的——雷尼·笛卡儿（René Descartes）从一头死牛身上取出一只眼睛，把后壁刮成透明的，然后观察视网膜上的图像，发现图像的确是倒立的——而为什么我们看到的世界都是正立的呢？我们现在知道，这是由于人的大脑可以自动将倒立的图像正过来，这就好像电视屏幕上的图像可以通过电学手法正过来，即使电视机本身是倒立的。

在那个时代（笛卡儿生活在 1596 年到 1650 年间），人们对光的兴趣大增。伽利略生于 1564 年（威廉·莎士比亚也生于这一年），死于 1642 年。1608 年，他听说荷兰眼镜师发明了望远镜，他自己很快也做了出来，并把它对准天空，创立了现代天文学。在望远镜后显微镜也很快被发明了出来，使科学家们能够同时向内探索微观世界，向外探索宇宙空间。通过望远镜，伽利略于 1610 年发现了木星四颗最大的卫星。到 1676 年，对这些卫星运动的研究使测量光速第一次成为了可能。

测量方法由丹麦天文学家德·勒默提出，需要测量的是这些卫星被木星自己遮住的时间。这个时间似乎与地球及木星是否位于太阳同侧有关。勒默将这种时间上的差异归结为木星位于太阳另一侧时，光从卫星上到达地球所需的额外时间。按现在的数值，光以 30 万千米每秒的速度从太阳出发穿过地球轨道半径的距离到达地球需要 8 分多钟。因此，在观察木星某颗卫星"月食"时，最大的时间延迟为上述时间的两倍，即超过一刻钟。

△ 从伍尔西索普到剑桥再到伍尔西索普

牛顿差一点儿就没能成为科学家，至少不会成为一个受过大学教育的科学家和皇家学会的会员。他于 1642 年的圣诞日生于林肯郡格兰瑟姆附近的伍尔西索普。他是一个早产儿，非常小，体弱多病，人们认为他可能活不下来，他的确差点儿没活过一星期。他的父亲，也叫艾萨克，在牛顿出生前就死了，但这被证明对牛顿的未来似乎是有好处的。牛顿出生后三年，母亲再嫁，住到了邻村北威特姆，艾萨克和他的外祖父母生活在一起。在艾萨克以前，牛顿家没有人受过教育，如果他父亲，一个连自己名字都不会写的农民还活着的话，他也极不可能例外。但他母亲的家庭——艾斯库家，比牛顿家的社会地位要高一些。牛顿的外祖父吉姆斯·艾斯库是一位绅士，牛顿的母亲汉娜有一个叫威廉的兄弟，是剑桥三一学院的毕业生，他是附近一个教区的神职人员。

牛顿童年十分孤独，他继父从不带他去自己家，但牛顿进入了本地学校，接受了启蒙教育，见识了另外一种生活方式，较之于做农民艾萨克·牛顿的儿子要高尚得多。当他继父 1653 年死后，小艾萨克的母亲回到伍尔西索普，牛顿也回到母亲身边。团聚的快乐是有限的，毕竟他现在有一个弟弟和两个妹妹来分享母亲的感情，只过了两年，当他 12 岁时，牛顿被送到格兰瑟姆的中学，他寄宿在一位叫克拉克的药剂师的家里。

孤独和与母亲的不断分离，加上他根本没有见过父亲，这些必然对牛顿不幸的人格是有影响的，牛顿神神秘秘，坏脾气，疑神疑鬼，并且经常卷入优先权和抄袭指控等学术争吵之中。虽然牛顿在学校的成绩很好，很聪明（也很怪），但他仍要克服一个困难才能坚定地走上通向神秘科学殿堂的路。17 岁时，母亲把他接回家，让他学习着照顾农场，希望将来替她照顾农场。牛顿在这项工作中毫无指望，正当汉娜对培养儿子成为农夫感到绝望的时候，她兄弟威廉劝她让牛顿回到学校，准备上大学。格兰瑟姆学校的校长也劝她这样做，并同意让牛顿回来后住到自己家里并减少学费。1660 年，汉娜让步了，同意艾萨克回格兰瑟姆继续学习，也就是在这一年，查理二世在长达 11 年的议会制时代后重新登上王位。一年后的6 月里，牛顿向剑桥进发，现在他已经不会再回头了。

在 17 世纪 60 年代，剑桥的官方课程仍然是基于古希腊哲学家，特别是亚里士多德的思想。牛顿对规定的课程看来颇为勤奋，于 1665 年获得学位。但他也阅读了当代思想家，如开普勒、伽利略和笛卡儿等人的著作，用16世纪中期的新科学来教导自己。1665年伦敦暴发瘟疫，剑桥大学也关闭了，牛顿回到了林肯郡的家乡，在那里待了两年，发展了自己对世界如何运作的见解。正是在这两年中，他发明了微积分，发展了自己的引力理论以及光与颜色的理论。但是所有这些在很长的时间里都没有公布，对牛顿来说为了自己满意而解决问题就足够了，每次同事们知道他的某项成果后，都要费很大的力气才能说服他将其发表，让人们都能看到他的成果。

到17世纪60年代，关于光有两个相互争议的理论。其中之一，受法国物理学家皮埃尔·伽桑狄（1592—1655）的支持，认为光是一束粒子，以无法想象的高速运动。另一个由笛卡儿提出，认为光并非什么从一处运动到另一处的物理实体，宇宙中充满了某种物质（称为"空间充满物"），这种物质对眼睛产生压力。这种压力或"运动的趋势"是产生视觉的原因。像太阳这样的明亮物体，其作用是向外推。这种推力是即时传送的，能使观察明亮物体的眼睛感受到光。

两种观点都有问题。如果光是一束微粒，那么当两个人面对面站在一起，互相凝视对方眼睛时会发生什么呢？如果视觉是由"空间充满物"对眼睛的压力导致的，那么正如牛顿在他的笔记中所指出的，一个在夜间奔跑的人能够看到东西，因为他的运动会使"空间充满物"挤压他的眼睛。

牛顿倾向于光是由粒子（或微粒）构成的观点。这必然与他用自己的动力学定律能够成功解释粒子运动有关。他认为无论是行星绕太阳的运动、炮弹的运动，还是光中粒子的运动，根本规律都是一致的。从某种意义上讲，他正试图建立一种物理学的统一理论，超前了时代300年。但是，在1661年牛顿去剑桥时，笛卡儿的理论开始显得更有前途。

在他的原创形式中，笛卡儿设想有一种稳定的压力作用在眼睛上。将这一假设稍微复杂化，新理论涉及从明亮物体发出的一种脉冲压力，这种脉冲压力会导致波——它并不像池塘中振荡的水波，而像用手拍击池塘水面所产生的压力在水中传播时的那种波。像我们现在所知道的那样，声音就是以这种压力波的形式传播。在 17 世纪 60 年代早期，至少有两个人开始沿这个方向前进，走向一个全面成熟的波动理论，一个是英国的罗伯特·胡克，另一个是荷兰的克雷斯蒂安·惠更斯。胡克将在后文中出现，惠更斯作为那个时代仅次于牛顿的大科学家，在这里需要更多的笔墨。当然这里并非指成就，毕竟，牛顿至今仍被认为是所有科学家中最伟大的。

△ 在牛顿的遮蔽下

惠更斯 1629 年生于海牙，他的家庭生活与牛顿大不相同，他父亲是一位外交官兼诗人，来自一个有为奥林奇皇室提供外交服务传统的世家。笛卡儿在年轻时曾效力于奥林奇王子的军队，并于 1628 年到 1649 年生活在荷兰，那时他是惠更斯家的常客，这对惠更斯的职业选择可能起到了一定作用。惠更斯接受了数学和法律方面的教育，并被推荐继承家族传统的外交工作。但在 1649 年结束正规教育后，他回到家里，并在随后的 16 年中作为一名贵族科学家，靠父亲的一份津贴维持生活。

由于出身贵族背景的家庭，而这个家庭能够也愿意迁就他的兴致，所以他很容易地成了一位业余科学家，进行科学研究。但他对科学的所有领域都产生了兴趣，并在某些方面做出了突出的贡献。他的成功和声望远远超出了爱好者的程度，当 1666 年法国皇家科学院成立时，他被邀请以七位创办人之一的身份到那里工作。他在那里一直待到 1681 年，然后被迫回到荷兰，一方面是由于健康的原因，另一方面是由于他作为一个持新教观点的人在天主教法国受到了宗教迫害的威胁。他仍然不时到国外访问，包括 1689 年对伦敦的一次访问，那次他会见了艾萨克·牛顿。惠更斯于 1695 年死于海牙。

从某一方面讲惠更斯很像牛顿，他常常推迟发表他的见解。不过对他而言，主要是他过于挑剔，总想尽善尽美，在发表见解时要逐字逐句推敲。当他致力于单摆钟的研究时，这种对细节吹毛求疵的细心为他带来了好处，这是他对 17 世纪科学所做的第一项伟大贡献。

虽然 1581 年伽利略便发现一个晃动的单摆不论幅度多大都会保持一种规则的节奏，但直到 17 世纪 50 年代才由惠更斯找到了一种实用的设计方案，利用这一特性精确地驱动时钟。运用他的设计的时钟于 1657 年建成，一年之后，教堂塔上的摆钟便在荷兰成为随处可见的景观。这项发明也改变了科学，因为它提供了一种精确的方式来记录时间，这是非常重要的，例如在勒默测定光速的方法中以及天文学其他领域中，这都是必不可少的。从塔钟再进一步，1674 年惠更斯又发明了实用的手表，由弹簧驱动，并通过平衡轮控制（胡克独立提出了思想，但惠更斯首先造出实用模型）。

惠更斯还设计了望远镜，用来进行天文观测。1655 年他发现了泰坦——土星最大的卫星，他还第一个描述了土星光环的性质。通过他的天文学研究和制造更好望远镜的实践，惠更斯对光的本质产生了兴趣，这让他有了最了不起的成就，也就是一个完全成熟的光的波动理论。这一理论实际上在 1679 年已经完成，但直至 1690 年才全部发表。他的理论能够解释光从镜面上的反射，以及光从空气中进入水或玻璃时的折射。基于笛卡儿的思想，他设想光是一群粒子的某种撞击运动，它们互相推撞，从源头的位置向外扩展出一种扰动，形成一种球状的压力波。他的理论给出了一个突出的预言：为了解释折射，光在一种更稠密介质（如玻璃或水中）传播速度要比在不太稠密的介质中（如空气）小。

然而，惠更斯的不幸在于，他的名声被笼罩在牛顿的阴影中。牛顿在"自然哲学"领域取得了惊人的成功，他的运动定律和引力理论于 1687 年发表在其著名的《原理》一书中。虽然他的全套光学理论由于某种原因（见下文）直至 1704 年才发表，但他对光的某些观点已于 15 年前发表。由于牛顿被公认为是最伟大的科学天才，依靠这一声望，他对光的观点同他的运动定律和引力论一样在整个 18 世纪被看作是真理。牛顿认为光是粒子形式的，这是他对光的观点的一个基本方面，所以很明显惠更斯是错的。但即使天才也会犯错误，而且粒子说也绝非牛顿光学理论最重要的一方面。他关于颜色的理论首先引起了当时科学界的注意——同惠更斯一样，牛顿的理论也与天文学有联系。

△ 牛顿的世界观

牛顿颜色理论的重要性不仅在于他是对的，而且在于他得到结论的方法。在牛顿之前，哲学家主要是通过思辨来发展自己的世界观。例如，笛卡儿虽然考虑了光传播的可能方式，但他并没有做实验来验证他的观点。当然，牛顿也并非第一个实验家，伽利略便在他对球从斜面上滚下来的运动方式的研究和单摆的工作中开创了实验的先河。但牛顿首先明确表述了科学方法的基础，即思想（假定）、观测和实验相结合的方法。现代科学正是建立在这一基础之上。

牛顿的颜色理论，产生于他不得不离开剑桥回家休假的这段时间里所做的一系列实验。到 1665 年，一束阳光经过一个三角透镜后会变成一条像彩虹一样的光谱的现象已被普遍认识。对这一现象的标准解释基于亚里士多德的观点，即白光代表纯净的，没有杂质的形式，经过玻璃则导致这种形式发生混乱。当光进入棱镜时，它会发生弯曲，然后沿一条直线到达三角形的另一边，在那里它再次弯曲后进入空气。同时光会发生扩散，从一个白色的光点变成一条彩色的线，沿三角形顶点向下，上面的光折曲最小，在玻璃中经过较短的距离出射成为红光。在下面三角形的边要宽一些，光进入棱镜时要折曲得多一些，在玻璃中经过较长的距离到达另一边进入空气而变成紫色。在两者之间存在着彩虹中所有的颜色——红、橙、黄、绿、蓝、靛、紫。在一个黑暗的房子里，让光通过窗帘上的一个小孔射进来，把一个棱镜挡在光束前面，对着窗户的墙上就会出现彩色的光谱。

亚里士多德认为，在玻璃中传播距离最短的白光变化最小，成为红色，而传播距离稍长则变化稍大，是黄色，然后以此类推直到紫色。

实际上牛顿用自制的棱镜和透镜对这些观点进行了验证，通过改变透镜的形状，力图减小颜色的变化。他第一个区分了光谱中不同颜色的光，并命名了 7 种颜色（他有意选择了 7 种颜色，因为 7 是一个带有某种神秘意义的素数，如果你发现彩虹中在蓝色和紫色之间难以区分单独的靛色，你绝对不属于少数了）。

但是牛顿这次进行的最重要的一个实验只不过是在第一个棱镜后面放了第二个棱镜，只是放的方式不同，第一个棱镜尖朝上放，将一束光谱展开成彩色的光谱，第二个棱镜尖朝下放，将展开的彩色光谱变回了一束白光。虽然光经过了更厚的玻璃，但它并没有变得更混乱，而是回到了原来的纯净状态。

牛顿认为，这说明白光一点儿也不"纯净"，而是由彩虹中所有颜色的光混合成的，不同颜色的光在折射时弯曲程度不同，但是在原来的白光中包含所有颜色的光。这是一个革命性的观点，因为它不仅推翻了亚里士多德哲学的一项基础，而且还是建立在可信的实验基础之上。但牛顿并不急于向世界宣布他的发现，他在1665年所获得的对光本性的认识使他致力于一种新型望远镜的研究。

用大透镜做成的望远镜（折射望远镜）存在一个问题，因为透镜同样会把白光分解成有色的光谱。这样所观察的物体的图像上会产生彩色条纹，使图像模糊不清，使我们在观察星星时非常不便，这种现象称之为"色散"。牛顿发现要做出一个没有色散的透镜系统很困难（但并非不可能，如所谓的消色差透镜系统，是利用两片或多片折射性质不同的玻璃来制作望远镜，它不会产生色散），因此，牛顿设计并制作了用曲面镜而不是大透镜的望远镜——反射望远镜。

牛顿的反射器想法很简单，用望远镜后部的一片大曲面镜把光反射到一个斜度45°角放置的平面镜上，使光改变方向穿过镜壁上的一个小孔射出来，观察者可以通过这个小孔来观察，而不必担心头部会挡住星光。这个想法十分卓越，因为它非常简单，但用现有的材料制作一面精确的镜子是一项实验工作，作为一个专业的工匠，牛顿自己动手完成了镜子。最后他做成了一台长约20厘米（6英寸）的仪器，这台仪器产生的图像比用四倍长的反射器产生的图像大九倍，而且没有色散。

这时，瘟疫已经渐渐过去，大学重新开学，牛顿回到了剑桥。他在1667年当选为三一学院的研究员。同年，英国和荷兰爆发了战争，荷兰舰队在泰晤士成功地袭击了英国人，剑桥也听到了枪炮声，大家都知道是怎么回事；牛顿断言荷兰取得了胜利（事实果然如此），这给他的同事留下了深刻的印象。他的理由是，枪炮声越来越大，这说明战场越来越近，英军正在撤退。

到 1669 年，由于他在数学上的工作，牛顿的声望渐渐超出了剑桥的范围。同年，第一位卢卡斯数学教授，艾萨克·巴罗（于 1663 年任职）退休，实际上是为了牛顿。巴罗虽然是一位有成就的数学家，但他却有另外的雄心。他很快成了国王的第一牧师，然后是三一学院院长。他对亨利·卢卡斯——是他设立的卢卡斯教职——的遗嘱执行人有足够的影响，使得他的继任者也是一个三一学院人，并作为一个知名的数学家开始留下足迹。

这项任命保证了牛顿在剑桥的地位，但同时要求他做定期演讲。他第一期演讲的题目并不是数学而是光学和颜色理论，其中特别提到了透镜的色散问题。同时他自豪地向剑桥及周围的同事展示了他的新望远镜。实际上，现存的牛顿最早的信（写给一位不知名者）写于 1669 年，主要内容就是描述望远镜。

1671 年年底，皇家学会（1662 年正式建立，实际上已于 1645 年非正式成立）得知了这项非凡仪器的消息。皇家学会秘书，亨利·奥登堡要求看一下这台望远镜，巴罗代替牛顿把它交给了在伦敦的学会。1672 年 1 月奥登堡给牛顿写了一封过分恭维的信，表达了学会对他这项发明的赞美，并告诉他，关于望远镜的消息已经通知了当时在巴黎的惠更斯。作为新式望远镜的发明者，牛顿逐渐开始享誉欧洲大陆。由于这项发明，他于 1672 年 1 月 11 日当选为皇家学会会员，并于数周后发表了他的第一篇物理学论文，形式上是给奥登堡的一封信，信中牛顿阐述了他的颜色理论。

这篇论文于 1672 年 2 月 19 日发表在学会的《哲学会刊》上，并导致了牛顿第一次著名的学术争论。

罗伯特·胡克，生于 1635 年，死于 1703 年，当时是皇家学会的实验馆馆长。他在科学上已经久负盛名，并对光和颜色有自己的观点（他自己的光波动论发表于 1665 年，但没有惠更斯完善），他总希望自己的任何工作都能抢到优先权。在一封给牛顿的回信中以居高临下的措辞，他首先否定了光是由微粒构成的概念，并认为牛顿的颜色理论与粒子假设无关，并不值得如此夸赞。胡克用词尖刻，暗指牛顿理论中原创的东西是错的，而对的东西不是原创的。

争论的结果有两个：第一，它使牛顿从学术界躲避出来，把自己关在剑桥，很长时间里拒绝发表更多的东西（他把自己完善的光学理论留在手中，直到胡克死后，确信不会发生问题时才全部发表）；第二，是牛顿的那句名言——"如果我看得更远，那是因为我站在巨人的肩上"，尖刻地讽刺了胡克矮小的个子，同时暗指胡克才智不佳。[1]

另一项批评则使牛顿提出了对自己工作方法的认识——什么是科学的方法。法国天主教耶稣会教士让·加斯东·帕拉第斯从巴黎给牛顿写了一封信，质疑了牛顿理论中几点牛顿认为恰当的方法。牛顿并没有把帕拉第斯当成傻瓜对待，而是回信详述了自己的观点，他写道："哲学最好和最安全的方法似乎应该是，首先努力探索事物的性质，然后用实验来验证这些性质，接着逐渐提出假设来解释这些性质。假设只能被用来解释事物的性质，而不是决定它们，它只是实验的奴仆。"[2]

---

[1] 此句话与牛顿引力论无关，而是出自 1675 年他写给胡克的一封信，距他的《原理》一书发表有 12 年。关于牛顿与胡克争论的详情，参见格里宾的《寻找时间的边缘》第一章。

[2] 引自维斯弗：《永不停息》，第 242 页。

这就是科学之全部。无论你的理论多么完美，如果它与实验不符，那它就不是正确的。例如牛顿的光的理论（可能应称之为"假设"，当胡克用这个词来定性牛顿的思想时，牛顿很不高兴），它将折射归因于光从一种媒质进入另一种媒质时的速度变化，但与惠更斯的理论不同，微粒说要求光在稠密的媒质中运动得更快。这就有了一种很明确的方法来区分这两种思想；如果牛顿在有生之年能看到实验显示光在稠密的媒质中运动得更慢时，他肯定会接受光是以波的形式传播的观点。

牛顿不仅建立了考察世界的科学方法，他（和惠更斯等同时代的人一起）还提出了第一个客观世界的模型，它表明宇宙遵守确定的规律（或定律），不同的现象，大到行星绕太阳的运动，小至光束的弯曲，都可以用这些规律来解释，而不必借助于反复无常的神的一时兴致。

17 世纪的巨匠留给我们的图景常被十分准确地称为"时钟宇宙"，遵从永世不变的定律。但这里的时钟并不是现在的钟或手表的样子，一秒一秒地走过，实际上我们应该想象一下 17 世纪教堂里的那种大钟，按照惠更斯的设计，由一个巨大的钟摆驱动，包括很多连在一起的大小齿轮，不仅驱动了时间嘀嗒的流逝，同时还驱动了一个复杂的系统，能让舞台上的圣人像跳舞，能撞击铃铛，在特定的时间产生特定的运动。17 世纪的科学认为，与此类似的钟表系统支撑着行星绕太阳的运转以及其他自然现象。

在牛顿留给我们的思想遗产中，第一点是宇宙中任何事物的行为都是可以预测的，正如教堂的大钟的摆动、人的运动是可以预测的；第二点是用人脑可以理解的简单定律就可以理解宇宙是如何运作的。因此，尽管对光本性的进一步理解似乎表明牛顿的微粒说是错的，但与取得的成就相比，这似乎显得无关紧要，当然这仍然是很重要的一步。

△ 扬的观点

在牛顿的时代，光以波动方式传播的直接证据已经存在了，但证据很脆弱，也没有多少人知道，而且解释也不完善。这种证据出自意大利物理学家弗朗西斯科·格里马蒂（Francesco Grimaldi，1618—1663）的工作，像牛顿一样，他研究了一束光穿过一个小孔进入黑暗房间的行为。他发现，当这束光穿过第二个小孔射到屏幕上时，屏幕上的光点要比小孔大一些，并有彩色的条纹。即当光经过第二个小孔时稍微扩散了一点儿，并且不同的颜色扩散程度也不同。

他还发现，如果用一个小物体挡在光束前，它产生的阴影会有彩色的边缘。这些彩边位于小物体产生的阴影里面，即光扩散到了阴影里面，而且与穿过小孔时一样，不同的光扩散程度不同。两种效应都很小，但通过仔细观察和测量都可以明确探测到。格里马蒂给这种现象取名为衍射，即除反射和折射外，第三种光发生弯曲的现象。但格里马蒂的工作成果直到1665年他死后两年才发表，到牛顿思想控制了科学界的想象力时，他已经没有机会为波动说辩护了。胡克也发现光并非沿绝对直线运动，如同我们在上文看到的，到牛顿发表了他完善的光学理论时，他也无法为波动说辩护了。

虽然牛顿思想在18世纪统治了科学界，但光的波动说并非没有支持者。最有名的支持者是瑞士数学家莱昂纳多·欧拉，他1707年生于巴塞尔，到1727年牛顿去世时，他差几个月就20岁了。欧拉是有史以来最伟大的数学家之一，他的兴趣包括纯数学以及在潮汐、流体、天体运动等方面的数学应用。即使最伟大的科学家也会犯愚蠢的错误，18世纪30年代他在圣彼得堡担任数学教授时，由于在做天体工作时观察太阳使右眼失明。30年后，他回到圣彼得堡担任科学院院长时（这时正值叶卡捷琳娜一世时代），他的另一只眼睛由于白内障而失明；但直到1783年去世，他一直待在那里，履行自己的职责和义务，在他生命的最后15年里，他仍是一个活跃的数学家，用脑子进行所有的计算，并把他的发现口述给助手。他76岁时去世的当天还花了一些时间来计算当时新近发明的热气球的运动规律。

欧拉的光的理论发表于1746年，他当时在柏林科学院工作，正处在两次俄国之行的中间。他指出了光以粒子形式传播的思想的所有困难（包括解释衍射），并对光的振动和声波的振动进行了详细类比。从那时起，光在其中振动的媒质的名称从"空间充满物"变成了"以太"。在18世纪60年代的一封信中，欧拉写道，"光对应的是以太，正如声音对应的是空气"，并把太阳比喻为一个"发出光的铃"。然而世界并不相信波动论。重要的是只有新的实验证据才能使波动论取代粒子论。运用科学研究的牛顿法则，其直接结果是牛顿的微粒说被推翻。

英国物理学家托马斯·扬走出了第一步，他生于1773年，欧拉去世时才10岁。这个年龄似乎不算什么，但扬是一个非凡的天才儿童，他在生命中前10年里学到的东西比很多人一生中学的东西都多。他两岁时就能阅读英语，并阅读溺爱他的祖父给他的书，在6岁时他转向拉丁语及其他语言，到16岁时，他已经懂拉丁语、希腊语、法语、意大利语、希伯来语、迦勒底语、叙利亚语、撒马利亚语、阿拉伯语、波斯语、土耳其语和埃塞俄比亚语。正如他的语言列表所显示的那样，扬从小就对考古学和古代史感兴趣，事实上，他几乎对所有东西都感兴趣。1792年，他19岁时开始学习医学，分别在伦敦、爱丁堡和哥廷根学习，并于1796年在德国的大学里获得硕士学位。他在学医的第一年便成功解释了眼睛聚焦的机制，即通过肌肉改变眼睛中"透镜"的形状。由于这一工作，他在21岁时便当选为皇家学会会员，当时他还是一个学生。

获得学位后，扬先是在德国旅行，然后又到剑桥工作了两年，进行了多种学科研究，并因他的广泛兴趣而获得了"非凡的扬"的外号。1800年他回到伦敦，开始行医，并最终成为圣乔治医院的一名外科医生，他在这个职位上从1811年一直工作到1829年去世，但医学仍然只是他广泛的兴趣之一。

扬把散光解释为眼角膜曲率不规则，他第一个认识到视觉中的色彩是由三种颜色（红、绿、蓝）作用于眼睛中不同的感光细胞而产生的。他在物理学上也做出了重大贡献（包括第一个对分子大小的估算），并担任皇家学会的外事秘书（这显然与他的语言能力有关）。从1815年起，他回到了早年对古代历史的兴趣，发表了关于埃及学的论文，并帮助破译了罗塞塔巨石的秘密，这块石头是1799年在尼罗河口发现的（扬可能是破译巨石秘密的第一线希望，但他当时没有获得足够的信任，这是因为他在这方面的工作是作为1819年《大英百科全书》的"附录"匿名发表的）。但归根结底，扬最大的贡献是他对光的干涉现象的研究。他关于干涉现象的第一组实验是1797年到1799年在剑桥完成的；他回到伦敦后继续了这一实验，到19世纪初，扬向英国的一个非正统科学组织提交了一份实验的详细、精确的报告，支持光的波动学说。扬进行（实际上发明）了基本的干涉实验，在这份报告的序言中，他描述了用两个针孔和两条窄缝所做的实验。从某种意义上讲，他用波动说很好地解释了牛顿自己做的一些光的实验。他认识到不同颜色的光对应不同的波长，而光在折射或衍射时弯曲的程度是由波长决定的。利用这一理论及牛顿的数据，他推算出红光的波长

是 6.5×10^{-7} 米，紫光的波长是 4.4×10^{-7} 米。这两个数字与现在公认的数字一致，这同时可以说明扬是一位非常出色的理论家，而牛顿是一位十分精确的实验家，这些数字也说明为什么经过这么长时间才证明光的波动性——这些波长太小，大多只有半个微米，而衍射效应的大小与波长差不多，光经过物体边缘时发生的弯曲只有几个微米。但不论大小如何，只有波动才能解释光在双缝实验中的行为。

在 1807 年，牛顿去世后的 80 年，扬这样描述双缝实验：

  "图案的中部总是亮的，在两边亮条纹所在的位置上，光从一个小孔到达这点必定比从另一个小孔到达这一点要多走一、二、三或更多倍的确定起伏距离（波长），而相间的暗条纹对应于相差半个、一个半、两个半或更多的确定起伏距离。"[①]

这一描述完全正确，10 年后扬提出光是横波（波的传播方向与振动方向垂直），而非纵波（波的传播方向与振动方向一致，代表例子是声音的波动）。

我们可能认为这应该足以证明光的波动本性了。但即使是扬也无法说服他那一时代的科学界，使人们相信牛顿的说法是错误的。在当时，认为牛顿会有什么错，似乎显得有些不爱国，甚至有点不光彩，这种感情广泛传播；而且对扬的很多同事来说，用叠加在一起的两束光会产生黑暗是不可理解的。我们已经习惯了用波的观点来看待双缝实验，所以认为这是常识。但在 19 世纪早期，常识是把两束光加在一起总会使亮度增加；而用

---

① 参见拜厄雷恩：《从牛顿到爱因斯坦》，第 95 页。

两束光相叠加制造黑暗的想法，按一位与扬同时代的人的说法，是"在人类进行假设的历史中，我们能记得的最不可理解的叠加"。作为非英国人最终推翻微粒说是因为一无所知（这并不奇怪，要知道在 1799 年到 1815 年间除短暂的时间外，英国一直在与法国交战）。

奥古斯丁·菲涅耳，1788 年生于诺曼底的布罗意城。1809 年他成为一名工程师，为政府在各地的筑路计划工作。由于他对光学的兴趣只是业余爱好，所以他并不是科学家圈子里的人，尽管即使在战时，科学家们也可能获知扬的工作结果，但菲涅耳并不知道。当拿破仑被打败并流放到埃尔巴时，菲涅耳成了一名"保皇派"，因此，当 1815 年拿破仑从埃尔巴回来进行百日复兴时，菲涅耳有可能是辞职抗议，也可能是被解职（历史记录并不清楚）。总之，当时他被关在诺曼底的家里，在这段时间里，他把自己初步成形的思想发展成为一个成熟的理论。当拿破仑被最终推翻后，他回到了工程师的岗位，光学又一次成了业余爱好。[①]但他在业余时间和那段强制的空闲时间里所做的工作足以使粒子论寿终正寝。

△ 菲涅耳、泊松及亮斑

虽然菲涅耳在 1815 年时并不知道扬的工作不值得大惊小怪，但奇怪的是他连惠更斯或欧拉的工作也不知道。但无论如何，事实似乎如此，他

---

① 这项工作的一部分有实用价值。1820 年，菲涅耳发明了一种透镜，由一组集中的环组成，这种透镜（以他的名字命名）被用来会聚灯塔发出的光或用于其他方面。

的波动理论全部是他自己的工作，是从衍射最简单的解释发展起来的。无可争辩的证据来源于一个从某种意义上说比双孔实验更简单的实验，却是更令人惊奇的实验。

实际上，只用单缝（或单孔）就可以看到由衍射和干涉产生的条纹状图案，而且用不着专门的科学仪器。把你的手放在眼前，夹紧手指，从中间两个指头的缝里观察一束亮光，慢慢夹紧指头，使它们间的缝越来越窄，在这条缝完全消失之前，你会在指头中间的缝里看到明暗相间的图案。在缝隙的中央你会看到一条或两条黑线，如果仔细观察的话可以看到好几条。

物理学家用一条窄缝同样可以做到这一点，并将通过窄缝的光投影在屏幕上。要解释这一现象很简单，但要经过一些计算，你可以认为这是由于光在单缝的每一边附近都发生弯曲，沿不同的路线传播到你的眼睛里或屏幕上，每一条包含不同数目的波长，从而产生干涉。对于光的波动本性，菲涅耳提供的关键证据是将单缝实验反过来做，在光束中放一个小物体，并观察阴影中产生的干涉效应，这种干涉是由于光在小物体边缘处发生弯曲而引起的。这有点儿像水波绕过一块岩石，影响岩石后面的水，只不过尺度小得多。

1817年，拿破仑时代的战争终于结束了，由于受扬工作的启发（可能仍不知道菲涅耳的工作），法国科学院决心一劳永逸地解决光的本性问题。他们设立了一项奖金，奖给能够提出最好的研究衍射现象的实验并为实验提供满意解释的人。虽然这一奖项并不限于法国人，而是对任何人都公开的，但它只吸引了两位竞争者。其中之一是一个狂想者，历史并没有留下这个人的名字，更不要说他所提出实验的具体细节了。另一个是菲涅耳，他写了一篇长达135页的论文。当然，他获奖了，但当1817年3月评奖委员会宣布他们的决定时，并非没有人反对。反对者包括数学家西蒙·泊松、物理学家让·波耶特和天文学家皮埃尔·拉普拉斯，他们都强烈支持牛顿的理论。

菲涅耳并非一位平庸的数学家，他用牛顿和莱布尼兹发展起来的微积分来描述不同情况下衍射的行为。但有时这些公式太复杂了，菲涅耳也无法把它求解出来，也就无法描述特定情况下光衍射行为的细节了。然而泊松作为一个坚定的牛顿论者，是一位狂热的数学家。他生活在 1781 年到 1840 年间，对概率论、微积分、电磁理论及其他方面做出了主要贡献。他拿起菲涅耳的一个例子，解出了方程，并向同事展示了这一结果，结果似乎用反证法彻底肯定了波动理论。

如果说阴影边缘处的彩色条纹可能是由光衍射而产生的，这种概念至少与波动方式的常识相吻合。但菲涅耳的理论加上泊松的计算预言，在图形物体所产生的阴影正中央有一个亮斑。荒唐！泊松这样描述他的计算结果："让一束平行光照在一个不透明的圆盘上，假设周围是完全透明的，则圆盘投影出一块阴影，但阴影的正中央是亮的。在这个圆盘后面，垂直于圆盘并通过其中心的这条线上到处都是亮的，从圆盘背面的那一点开始，光的强度从零开始不断增大，到圆盘后面等于圆盘直径的地方，光的强度是没有圆盘存在时光强度的 80%，随后光的强度缓慢增大，逐渐达到没有圆盘时的强度。"[1]

但是，作为优秀的牛顿论者，评委们不想以逻辑和常识推理来否定菲涅耳的理论。按当时已经成为标准的牛顿方法论，要用实验来验证这一结论，为此评委主席弗朗西斯·阿拉贡安排了一次实验。结果发现在阴影中心确实有一个小亮点（今天我们称之为泊松亮斑），对小球和小圆盘都有

---

[1] 参见拜尼雷恩：《从牛顿到爱因斯坦》，第 102 页。

这种现象。菲涅耳是对的，而牛顿是错的。据此，阿拉贡于 1819 年 3 月在会议上向科学院委员会做了报告：

"我们的委员之一，泊松先生，从作者（菲涅耳）报告的一个积分中推出一个非凡的结果，当光接近于垂直地照射在一个不透明圆形屏幕上时，阴影的中央与没有屏幕时同样明亮。**在验证的实验中，观察证实了这一结果。**"[1] 这是问题的根本所在。理论只有经过实验证实才是有效的。实验结果所告诉我们的是正确的，任何优秀的理论者应与其一致。无论实验结果多么古怪，如同在序言中提到的电子的两重性，我们都不能在理论中回避它。

当然，获奖使菲涅耳获得了声誉。他和阿拉贡一起研究了横波理论的某些问题，解释了长期以来关于光偏振问题的困惑，在论证光是横波的路上走出了有意义的一步。他还提出了测量光在水中速度的方法：实验于 1850 年进行，结果表明，波动论是对的，光在水中的传播速度远小于在空气中的传播速度，当时光的波动论已经得到广泛承认了。菲涅耳于 1823 年被选入法国科学院，在 1827 年成为皇家学会会员，并在同年死于肺结核，距牛顿去世整整 100 年。菲涅耳死时仅 39 岁，而扬则于 1829 年 56 岁生日前一个月去世。两年后，最终解释光波动原理的人在苏格兰爱丁堡出世了。但詹姆斯·克拉克·麦克斯韦对光本性的解释是建立在电磁相互作用理论的基础之上的，这一理论在 19 世纪 20 年代已经发展起来了，那时扬和菲涅耳还都在世。

---

[1]　引自拜厄雷恩：《从牛顿到爱因斯坦》，第 103 页；黑体是作者自加的。

△ 书籍装订商的学徒

麦克尔·法拉第，生于 1791 年，靠不懈的努力、自己的能力和一点儿运气，克服了出身低微并且没有受过正式教育的困难，成为 19 世纪最伟大的实验物理学家。他是萨里郡纽因顿一个铁匠四个儿子中的第三个，这个地方当时属于法国，后来被伦敦吞并，成为南沃克镇的一部分。他们家后来搬到了伦敦北部，13 岁时法拉第成了一个为书籍装订商跑腿的小伙计。他受过基本教育，能够阅读，但他根本不懂数学。由于整天和书在一起，他开始贪婪地阅读这些书。他的雇主是一位法国移民，在大革命时代穿越海峡来到了英国，他鼓励法拉第，并雇用他当装订学徒。在随后的 7 年里，法拉第学徒学得很好，同时他还锻炼了动手能力，这对他以后的科学家生涯是非常有用的。他还大量阅读书籍，当时他就对《大英百科全书》中关于"电"的文章十分感兴趣。

1810 年 19 岁时，法拉第加入了市哲学学会，定期参加科学报告会，学习基本的物理和化学知识，并在听课时做了详细的笔记。他将这些笔记装订成书，这些书成了他科学生涯的通行证。

法拉第的雇主，常向店里的顾客展示法拉第的笔记。法拉第对科学的热心给一位顾客留下了深刻印象，他安排这个学徒去听汉弗莱雷·戴维爵士在皇家学院的演讲。戴维是位一流的演说家，也是当时英国最有名的科学家。他发明了用氮氧化物（"笑气"）来制作麻醉药物的方法及其他一些产品。他最大的实用发明是一种煤矿中使用的灯，这种灯可以减少点燃煤层中常冒出的天然气的危险，后来"戴维"灯成为煤田里的标准灯具。

法拉第本来就对科学着迷，而戴维的演讲进一步激发了他的热情。他马上就要学徒期满了（1812 年），他决定放弃当一名装订商而以科学为职业。他整理好戴维演讲的记录并把它装订成书后，开始四处寻找科学工作的职位，但根本找不到，所有可能的雇主都认为这个失业的装订商不会成为一名科学家。即使与他取得联系的人，也都首先说明工作不是固定的。一次戴维由于实验室的一次爆炸而短期失明，法拉第伺候了他几天，并随后把自己所做的戴维本人演讲的笔记送给戴维，请求给予一个固定职位。虽然戴维很满意，但仍没有办法，因为皇家学院压根儿就没有什么工作。

这时幸运之神敲门了。戴维的助手由于打架而被解雇，法拉第得到了这份工作，并在 1813 年 3 月 1 日开始在皇家学院工作，当时他 21 岁。从很多方面讲，戴维并不是一个很好的雇主，他自私、妒忌心强、不重视别人的工作而且容易激动。当戴维助手的工作还包括在前 3 年里做戴维在欧洲长途旅行时的男仆。虽然这项工作十分枯燥，而且经济报酬很少，但法拉第开始接触一些伟大的科学家，并观察其中一位的工作。他从 1816 年起开始发表科学论文。在 1823 年第一个液化了一些气体（包括氯气），1824 年，他当选为皇家学会会员（虽然当时的学会会长戴维反对），在 1825 年他从石油中分离出了苯，同年被任命为皇家学院的实验室主任。一年后，他开始在周五晚上做定期演讲。实际上，他的成就和声望已经开始超过戴维了，戴维为此非常不高兴，但戴维在 1829 年，很年轻时就死了。从那时起，直到 1865 年退休，法拉第和皇家学院几乎就是同义词，退休后他住在阿尔伯特王子于 1858 年提供给他的一所房子里。他 1867 年去世，距 77 岁生日 1 个月，他保持了一个独一无二的纪录，不仅拒绝了一个贵族头衔，还拒绝了皇家学会会长的职务。他说："我总觉得，对有知识的人的努力给予奖赏有点贬低的味道，而社会、学院以至国王和皇帝参与并不能消除这种贬低。"

在他漫长的学术生涯中，法拉第虽然也取得了其他方面的成就，但他对科学最大的贡献在于对电和磁本性的洞察。这不仅为理解光的本性铺平了道路，还为物理学提供了一个全新的图像，即力和场，这一图像现在仍是我们理解宇宙的核心。

△ 法拉第的场

法拉第对电和磁的第一项研究早在 1821 年就开始了。在此之前哥本哈根的汉斯·奥斯特曾报道了一个奇怪的发现，通了电的金属线会使附近小指南针上的磁铁偏转。很显然，金属线中的电流会引起磁性。安培（他的名字命名了电流的单位）发现当两根平行的金属线中的电流同向时，它们互相吸引，而通过反向的电流时，它们互相排斥。然后弗朗西斯·阿拉贡发现一个快速转动的铜盘会使放在盘上方的磁针偏转。

《哲学杂志》的编辑请法拉第考察一下这些神秘现象，并给读者解释一下。法拉第做了实验，并产生了在通电流的金属线周围有圆形"磁力线"包围的思想。他设计并建造了这样的系统，一个吊起来的通电金属线在固定磁铁周围做圆周运动，一个吊起来的磁铁在一个固定的通电金属线周围做圆周运动，这就是电动机和发电机的工作原理。法拉第推论，如果电流能产生磁场，那么磁场也应该能产生电流。

他于 1831 年证明，当把一个条形磁铁从一个线圈中拔出或插入时，就会出现"电磁感应"，这是一个最直接的例子。只要磁铁运动，线圈中就有电流。法拉第证明了不仅变化的电会产生磁性，而且变化的磁性也会产生电。这里"变化"一词是极为重要的，第二种效应之所以比第一种效应发现得要晚，就是因为法拉第一开始认为固定的磁场会使附近的金属线中感生出电流。[①]

现在，他可以解释阿拉贡铜盘中的神秘现象了，运动的铜盘在磁铁作用下产生了感生电流，而这个电流又反过来产生磁的作用，从而使磁铁偏转，这是反馈现象的一个早期例子。把这个装置稍加变化，让铜盘在固定的大磁铁两极之间转动，并从铜盘的中心和边缘分别引出两条导线，这样法拉第于 1831 年 10 月造出了第一台发电机。

法拉第一直在努力思考如何解释这些现象。虽然他仍然不是一个数学家，但他有非凡的图形化思维能力。他提出了一个革命性的想法，电力、磁力，甚至引力都可以用"力线"来描述，它向空间扩展并互相作用，不需要以太或空间充满物中小粒子的互相挤压来传递相互作用。他认为不应该把原子视为什么无法穿透的固体颗粒，而应把它视为力会聚的中心，既不比这多，也不比这少。

力线的概念对我们每一个做过或看过下面的课堂实验的人都不陌生，在一张纸下面放一块磁铁，并向纸上撒铁屑，就可以看到撒下的铁屑确实排列成线状，从磁铁的一极到另一极。但在维多利亚时代的英国，这的确是一个非凡的思想，尤其是当把它应用到所有当时已知的自然力上时。经过长期艰苦的思考，法拉第在皇家学院的两次报告上提出了力线的概念，第一次是在 1844 年，第二次是在 1846 年。很明显，第二次是临时上阵，那天本来是查尔斯·维特森做报告，但由于怯场，他在最后一刻溜了。法拉第没有办法，只好把这段时间补起来，在总结了他希望维特森讲的东西

---

① 从这里可以看出法拉第的思想成为现代科学不可分割的一部分，在以上论述中我们无法避免使用"场"这个词，虽然这个词是后来引入的。今天每个人都知道"场"，这是常识，正如对那代人来说，以太是常识。

后，他即席讲了力线的思想。

在一个经典的思想实验中，法拉第想象了一个单独位于空间中的太阳，如果在一种魔力的作用下，地球突然被放到了恰当的位置上，这时会发生什么事情呢？法拉第认为即使在把地球放在那里之前，太阳的影响也会以引力线的形式达到这个位置，而地球对太阳引力场的反应是对"地球所在位置处"所存在的力线的反应，而不是对遥远的太阳的反应。对地球而言，力线（场）才是真实的存在。同样，磁和电的力线也都从宇宙空间穿过，这就是我们现在称之为场的东西，它是实实在在的，而物质本身——原子只不过是场会聚的地方。

在 1846 年的演讲中，法拉第走得更远。他认为光可以解释为电力线的振动。毕竟当时人们已经普遍认识到光是一种波，即振动。法拉第缺乏把自己的思想升华为完善的光理论所需的数学才能，但对下一步应该干什么，他有一个明确的物理图像。正如他在 1846 年演讲发表后几年所说的："我大胆地认为，辐射是力线的一种高级振动，而正是这种力线把粒子以及物质的质量联系在一起，这一观点努力地排除了以太而保留了振动。"[1]

光中所发生的振动有多么高级呢？几年后，另一位 19 世纪的物理学家约翰·延德尔在一本令人兴奋的书中形象地说明了这个问题。他指出，光速十分大，每秒进入你眼睛的光"线"长达 30 万千米，而光的波长（如红光）非常小，在这么长的一束红光中大约有 200 兆个波动，所有这些波动都在一秒钟内与你的眼睛相互作用而产生视觉信号。[2]

---

[1]　出自迈克尔·法拉第：《电学实验研究》，第二卷第 451 页。
[2]　引自《关于光》，第 63 页；我使用了现代的数字。

法拉第对光的本性的个人直觉于 20 年后被麦克斯韦证实。法拉第去世之前三年，即 1864 年，麦克斯韦发表了最终描述电场和磁场的四个方程。

△ **神秘的颜色**

麦克斯韦的背景与法拉第差别很大。他是牛顿和爱因斯坦之间最伟大的理论物理学家，他出生于 18 世纪苏格兰一个显赫的世家。在 18 世纪，克拉克家和另一个有钱的家族——米德尔拜的麦克斯韦家有过两次通婚；麦克斯韦的父亲，约翰·克拉克在继承了米德尔拜的庄园时，接受了麦克斯韦的姓氏，这个庄园位于苏格兰西南部的加洛韦，在达尔比蒂附近，是一个 1500 英亩的农场。约翰·克拉克·麦克斯韦是一位律师，但他对科学也有浓厚的兴趣，是爱丁堡皇家学会的会员。因此，麦克斯韦不仅有一个安全舒适的家庭环境，并且很早就进入了科学界。

麦克斯韦 1831 年生于爱丁堡，在他出生前，为了让他母亲在怀孕期间得到最好的医疗保证，她父母也一直住在那里。但他生命的头 10 年是在加洛韦的格仑莱尔屋度过的。当他还是孩子时，他的母亲就教他读书，并负责他的早期教育，但他母亲在 48 岁时死于癌症，小麦克斯韦当时只有 8 岁。达尔比蒂当时仍十分闭塞，到 1846 年铁路通到小镇之前，到格拉斯哥要一整天的时间，而在 1837 年格拉斯哥 - 爱丁堡铁路开通之前，从格拉斯哥到爱丁堡需要两天。麦克斯韦也没有亲密的同龄伙伴，而在母亲去世后的两年，他由一位家庭教师负责监管。这位家庭教师满脑子都是古旧的教育思想，只强调学习拉丁文的重要性。随后麦克斯韦被送到爱丁堡专科学校学习，在城里时住在一位姨母家里，只在放假时才回到格仑莱尔的家里。

这个男孩给学校同学留下的第一印象并不是未来的天才。他满口乡下口音，衣着也与城里孩子不同，他的鞋子是由他父亲亲自设计并制作的，缺乏常识而且过分显示技巧。麦克斯韦第一天从学校回到姨母家时，衣服被扯破了，身上青一块、紫一块，并有了一个新外号"蠢货"。这个外号在学校里一直伴随着他，虽然这个外号更多是指他的怪异而不是真正愚蠢。

虽然开始并不理想，但麦克斯韦在学校里过得很好。几年后，他设计了一种用缠绕的绳子画卵形线（而非一些传记作者所说的椭圆）的方法，从而显示了他的数学才能。由于他父亲与爱丁堡科学界的联系，他的这项发现被发表了，成为麦克斯韦的第一篇科学论文，那年他刚 14 岁。说实话，这并不是什么了不起的发现，但在少年时代，麦克斯韦便与爱丁堡科学界有了接触。

到 1847 年他 16 岁时（苏格兰当时进大学的通常年龄），进入了爱丁堡大学，在完成了四年学业的前三年后，他去了剑桥，并在 1854 年从数学专业毕业。1856 年，他成了阿伯丁·马歇尔学院的自然哲学教授，但当 1860 年学院与国王学院合并成立艾伯丁大学时，两名自然哲学教授将不得不退下一个来。尽管当时麦克斯韦已同马歇尔电学院院长的女儿结婚，但由于年轻，麦克斯韦还是丢掉了工作。他到伦敦的国王学院待了 5 年，1865 年他父亲去世时，麦克斯韦回到了家乡苏格兰。随后的 6 年，作为一个农场主和业余科学家，他一直住在家乡，并在这段时间把自己关于电和磁的工作写成了书。1874 年，经人劝说，他又回到剑桥成为剑桥大学的第一个实验物理教授和卡迪文什实验室的第一任主任，他对日后卡迪文什实验室成为世界上最优秀的科学中心起到了一些作用。他于 1877 年去世，死时年龄与他母亲去世时的年龄一样，而且是死于同一种病——癌症。

麦克斯韦的兴趣包括了 19 世纪物理学的很多领域，如气体动力学、热力学、土星光环的性质及稳定性、精确估算分子的大小，以及其他方面。但他的创造性工作是关于光和颜色本性的研究。他的第一项惊人发现似乎更像魔术，而不像科学。他说明了如何从黑白图像制作彩色照片，这一方法直到今天仍被应用，其中包括用空间探测器从土星或太阳系深处发回彩色照片。当这些探测器发回土星光环的照片时，它用麦克斯韦发明的彩色照相术，获得了由麦克斯韦解释的环状体系的照片，而信号再用无线电波传回地球，这种无线电波是电磁波的一种，电磁波的性质又是由麦克斯韦解释的（他预测了无线电波）。这一切真像是魔术。

麦克斯韦的彩色照相术基于扬的思想，而色觉与眼睛里的三种感光细胞有关，每一种只对三原色之一，红、黄、蓝敏感（用扬的理论可以解释色盲，色盲就是由于这三种感光细胞的一种或几种出现了问题）。麦克斯韦从 1849 年就开始研究不同颜色之间的作用方式了，那时他还是爱丁堡大学的学生，在吉姆士·福布斯的实验室工作，福布斯是学校的自然哲学教授，他在麦克斯韦进入大学前便认识他了。当年麦克斯韦的父亲曾给他看过那篇卵形线的文章，也正是他使这篇文章得以在《爱丁堡皇家学会会议录》上发表。福布斯和麦克斯韦在研究中使用的是转动的有色圆盘，一个圆盘被分成很多块，每一块涂上不同的颜色，然后让圆盘转起来，看这些颜色混合后会出现什么现象。

由于严重的疾病，福布斯放弃了实验，而麦克斯韦很快也离开了爱丁堡。但在 1854 年，麦克斯韦从剑桥大学毕业后，他又开始了这方面的实验。他说明了如何用三种原色来合成其他颜色，并发明了一种他称为"颜色盒"的东西，利用它能从阳光中分离出三种原色，然后按不同的比率混合，产生其他颜色。

这项工作的真正成功是在 1861 年，当时他在皇家学院投影出了第一张彩色照片，给观众（包括法拉第）留下深刻的印象。这张图片是所有的彩色照片和彩色电视机中所使用的方法的始祖。麦克斯韦拿了三张苏格兰花格丝带的照片，三张照片分别是加上红、绿、蓝三种滤光镜后所得到的。每一个滤光器都将光变成了特定的颜色。这样每一个底片上都包含了一种特定颜色的光的信息，其中包括光的强度和物体的形状。但每张照片都是黑白的，同一个带子的三张不同的黑白照片，每张上面光的强度和物体形状都有不同的侧重，但都不含有色彩的迹象。

然后，三个底片上的图像被同时投影到一个屏幕上，在仔细调整这些投影图后，使它们完全重合，并对每一个投影图都加上和前面同样的滤光器。这些投影图分别是蓝色、绿色和红色，由此说明混合后的图像上只有这三种光。而重合后的图像中包含了苏格兰花格丝带的所有颜色，这证明在人对颜色的理解中只运用了这三种原色。

在遥远空间探测器上发生着本质上相同的事情，经过三个滤光器拍摄三张照片，然后通过无线电波将每张照片中的数据（光的强弱和图案形状）传回地球，并在计算机中重新合成。彩色电视用的是同样的原理，电视屏幕上覆盖着三个一组的像素点，三个小点分别可以产生出三原色中某一种颜色的光点。通过给屏幕上每一个像素点提供正确的光强度和颜色分配的信息，从而显示出彩色的图像。

虽然麦克斯韦在皇家学院的演示是成功的，在场的人对他们所看到的都没有产生怀疑，但这里面要更多地感谢一种魔力。很多年后，摄影家发现，麦克斯韦在演示中所用底片上的化学物质对红光没有反应，但为什么他当时获得了正确的结果呢？这个谜底直到 20 世纪 60 年代才被美国柯达实验室的研究人员揭开。原来麦克斯韦所用的苏格兰花格丝带同时反射紫外光（人眼看不到），而巧合的是他所用的红色滤光片刚好能够使紫外光通过。在麦克斯韦的实验中，加红色滤光片的底片上产生的图样实际是紫外光造成的，感谢这种双重的巧合，它所产生的图样与红光在对红色敏感的底片上产生的图案是一样的。

麦克斯韦用过的那些原始底片仍被保存在剑桥大学，1961年，用这些底片再现了当年皇家学院的证明，这已经是一百年之后的事了。虽然人们已经知道图像的"红"色部分是侥幸获得的，但它仍然再现了苏格兰花格丝带的彩色图像。至少在这件事上，麦克斯韦显示了他的魔力，这不仅在于用黑白照片和红、蓝、绿三种光制作出了彩色的图像，还在于他从部分错误的原因中得出了正确的结论。当然，在他对科学的最大贡献中，他当然是从正确的原理得到了正确的结论，但这一结论却使下一代科学家大伤脑筋。

△ 惊人的麦克斯韦方程组

麦克斯韦1854年刚从剑桥大学毕业后就开始了对电和磁的研究。在此之前，威廉·汤姆孙（1824—1907，于1892年成为开尔文勋爵）找到了固定体中的热流动与空间中电力模式之间的一种对应关系。这引起了麦克斯韦极大的兴趣，开始寻找这一类的其他对应，并在一系列信件中与汤姆孙反复交换想法。在19世纪50年代中期，他第一次发表了电和磁方面的文章，发展了法拉第的力线和不可压流体的"流线"之间的对应。

虽然描述电的方程与描述诸如固体中的热传导或液体的流动的方程相

类似，但麦克斯韦认为，这一事实并不意味着电和以上这些事物是类似的。这种类似只是数学上的"关系上的类似而非事物本身的类似"[①]。虽然同一类型的方程也描述了热的运动和水的流动，但这并不意味着电"是"水，正如水不"是"热一样。

在随后的 10 年里，麦克斯韦扩展了电流和水流之间的类比。他发展了一套现在看起来有些不切实际的物理图像：在实体物体之间充满了一种流体（以太），在这种流体中会产生一种旋涡状的转动，电力和磁力通过这种旋涡相互作用。从某种意义上讲这是从法拉第场观念的一次退步。在场的观念中不需要以太，力本身——也就是场才是本质。但麦克斯韦导出的方程要比他这些年所发展的物理图像重要得多。正如水和热的问题中显示的，同样的数学方程可以描述不同的物理系统；而无论物理图像如何，麦克斯韦的方程组确实能描述电荷和磁体之间力的相互作用——只要涡旋媒质的性质恰当的选择。

想象力的下一个飞跃是考虑当这种涡旋媒质被挤压或拉伸（如果它是有弹性的）时会发生什么呢？很明显，会有波在这种媒质中传播，而波的传播速度则取决于媒质本身的性质。1862 年麦克斯韦发现，如果这样选取媒质的性质，使它能够正确地描述电磁力，则在这种媒质中，波将以光速传播。麦克斯韦对自己的这一发现感到十分兴奋，在同年发表的文章中，这一心情可从下面的文字中看出来，文中斜体是麦克斯韦自己加的："我们几乎不可避免地得到以下结论，是同一种媒质导致了电磁现象和光在其中的波动。"[②]

---

① 参见埃沃里特：《詹姆斯·克拉克·麦克斯韦》，第 88 页。
② 参见埃沃里特：《詹姆斯·克拉克·麦克斯韦》，第 99 页。

为了简化电磁现象和光行为的数学描述，还有很多事情要做。麦克斯韦发现，他可以完全放弃涡旋波理论的概念，而代之以"一种电磁场的动力学理论"来解释所有已知的电磁现象，以上引号中就是 1864 年那篇文章的题目。这一理论将所有对电和磁的讨论归结为四个方程，我们现在称其为麦克斯韦方程组。如果你想知道两个一定大小、一定间距的电荷之间的相互作用，你可以解出麦克斯韦方程组来得到结果。如果你想知道磁铁的特定运动会产生多强的电流，你也可以从麦克斯韦方程组中找到答案。任何与电和磁有关的问题（除了一些量子效应，这将于下一章讨论）都可以用麦克斯韦方程组解决，它代表了牛顿时代以来最大的科学进步。而方程组中包含了一个数，是一个常数，记为 c，对应于电磁波运动的速度。

　　c 的数值可以通过测量静止的或在金属线中运动的电荷的电磁性质而定出来。它实际上完全是通过对电和磁的研究而得到的。正如麦克斯韦所说的："在实验中光的唯一作用是使我们能看见仪器。"但从实验中所得到的恰好是光速：

　　　　"这一速度同光速如此接近，所以我们完全有理由认为光（包括热辐射及其他可能存在的辐射）是一种电磁扰动，这种扰动按照电磁定律以波的形式在电磁场中传播。"[1]

　　麦克斯韦预见到除了光还有其他形式的电磁波——热辐射，即我们现在所说的红外辐射以及"其他辐射"——我们现在所知道的"无线电波"。

---

[1]　所有对麦克斯韦 1864 年论文的引用都出自拜厄雷恩的《从牛顿到爱因斯坦》，第 122 页。

存在其他形式电磁辐射的预言在 19 世纪 80 年代被证实。当时赫恩里希、赫兹用垂直电线中交替变化的电流产生了长波辐射，并测定了它的速度。它们确实以光速传播，正如麦克斯韦所预言的那样，而且与光一样，在适当的实验装置中会出现折射、反射和衍射。在麦克斯韦方程组的现代解释中，以太和旋涡都被舍弃了，代替为法拉第力线的实在性，即电磁场。当然这只不过是现代的主流观念而已，对电子而言，什么是"实在"，我们的想法并不比麦克斯韦、法拉第或任何什么人更好一些。场理论的好处在于它的简单性，以及它给出了数学描述形式的一个清晰的图像。但模型只不过是想象力的一种补充，帮助我们直观地计算或描述物理过程。"真实"在于数学方程本身，无论它描述的是电磁波、热流动或是水的流动。只要方程能正确地告诉我们当系统以某种方式被扰动时，它会产生什么样的变化，则其中力是如何相互作用的无关紧要。

但绝大多数人仍然需要模型和类比来想象所发生的事情。要想在头脑中想象光的运动，最简单的办法是想象一根绳子上的波动。记住，运动的磁场会产生电场，而运动的电场会产生磁场。想象两个同步传播的波，看起来就像在绳子一端振动时，在绳子上所产生的波动。假设电的波动是在竖直方向上沿绳子上下运动，则磁的运动是侧着的，沿左右运动，与电的波动方向垂直，则在绳子上的任意一点，当波动经过时，电场的强度不断变化，而变化的电场产生了变化的磁场。所以在绳子上的一点，磁场也在不停地变化，而变化的磁场又产生变化的电场。对一束光而言，就是在光源所发出的能量驱动下，这两个变化的场，每一个都能引发另一个，从而同步前进。

当然，这种清晰的图像在 1864 年时还远远没有建立起来。直到 1878 年，在为《大不列颠百科全书》写的文章中，麦克斯韦仍坚持以太的概念："不论在以太的构成问题上我们会遇到什么样的困难，但毫无疑问地，在行星间或星际的空间中必定充满了某种物质。"①

麦克斯韦的理论在他去世前已经受到了广泛的支持，但是直到 10 年之后，通过对无线电波的研究才使它成为光的理论。敲响以太丧钟的实验在 19 世纪 80 年代进行（部分是受到了 1878 年《大不列颠百科全书》中那篇文章的激励）。这一实验的意义直到 20 世纪初期才被认识到。向世界解释常数 c 的真正意义，并认识到以上实验的深远影响的人在 1879 年 11 月麦克斯韦死时他出生还不到 8 个月，他的名字是阿尔伯特·爱因斯坦，他的登场是现代物理学的一个重大信号。

---

① 参见查琼克：《捕捉光》，第 146 页。

第二章 | 现代

艾萨克·牛顿知道运动的相对性，19 世纪的物理学家也知道运动的相对性。月亮在它的轨道上相对于地球运动，地球相对于太阳运动。如果你驾驶着汽车以每小时 50 千米的速度沿着一条直线的道路行驶并超过我，而我骑着自行车以每小时 15 千米的速度沿着同样的方向行驶，那么你相对于我是以每小时 35 千米的速度行驶。当麦克斯韦方程给出光速的精确值时，物理学家很自然地认为这意味着光相对于以太的速度，而以太被认为是传递光的物质。由于地球以近似的圆形轨道绕着太阳运动，因而地球不能够总是以恒定的速度相对于以太运动。某些时候它朝着一个方向运动，6 个月后，它处在轨道的另一侧，以相反的方向运动。结合牛顿的运动相对性思想和光作为电磁波在以太中传播的思想很自然地得出下述结论：光相对于地球的运动速度在一年中不同的时间里是不同的。

某些天文学家在研究一年的不同时间里来自恒星和行星的光的过程中曾试图探测这个差别，但没有成功。但是也存在着以地球为基础的实验来测量这个效应。如果一束光沿着与地球的运动方向相同的方向传播，光应该超过地球，因此，相对于我们的测量仪器，光是以略微慢的速度传播。但是，如果光沿着与地球的运动方向相垂直的方向穿过地球，那么测量的光速应该与麦克斯韦方程所确定的速度 c 一致。

当然，地球运动的影响比起光的速度是很小的。光以每秒 300 000 千米（以整数计）的速度传播，而地球的轨道运动速度仅仅每秒 30 千米（以整数计），即仅为光速的 0.01%。麦克斯韦在《大不列颠百科全书》关于以太的一篇文章中指出怎样利用对光本身的测量来测量地球相对于以太的运动速度。原则上，有可能把一束光分成两束，再把两束光的每一束送到一对反射镜中，在那里光束来回反射。其中一束光以与地球运动方向相同的方向传播，而另一束光在其一对反射镜中以垂直于地球轨道运动方向传播。然后把两束光重叠起来并使其干涉，就像扬的双缝干涉实验中的光那样，这两束光相对于地球应该有略微不同的速度。因此，只要实验中认真地调试它们应具有的相同传播路程，使二者不再同步，从而产生干涉条纹。干涉条纹的间距将精确地表明地球相对于以太的运动速度。但是，麦克斯韦最后总结道，这个效应是如此小以至于不可能探测到它。然而，这个挑战几乎随后即由一位年轻的美国研究者所接受。

△ 以太之死

阿尔伯特·迈克耳孙 1852 年出生于德国，但在他还是个孩子的时候就全家移居美国。他于 1873 年从安纳波利斯的美国海军科学院毕业，在被科学院任命为教师之前在海上待了两年。作为物理和化学教师，他的任务之一便是向科学院的海军军官学员演示光速是怎样测量的。由于对当时的实验结果不满意，他便着手改进这个实验。为此，他提出了一个更精确的实验。他在实验中所提出的技巧意味着他已处于很好地接受麦克斯韦在《大不列颠百科全书》的文章中所提出的挑战的位置。他利用干涉的办法测量地球通过以太的运动，这导致了他用毕生的时间发展更好的干涉，并利用它做更进一步精确的测量。

迈克耳孙用的测量光速的方法基于从旋转镜上反射的光束。这个技术是由法国人吉思·傅科（1819—1868）开创的。他发明了陀螺仪，利用他著名的摆演示了地球的自转。他的光速测量涉及光束从一个快速旋转的平面镜上反射，然后反射的光束被第二个镜子反射后再转向第一个平面镜。当光束从第一个镜子到达第二个镜子，再从第二个镜子到达第一个镜子，这时第一个镜子移动了一点位置。由于镜子的旋转，光束反射的角度反映了在两个镜子之间的来回路程上光速传播所需要的时间。

傅科利用这个技术于1850年第一次演示了光在水中的传播速度小于在空气中的传播速度，这证明了光以波的形式传播。在1862年，他大大改善了这个技术，并测量了光速为每秒298 000千米，这与现在最精确的数值仅差1%。

迈克耳孙通过增加更多的镜子和延长光束传播的距离对这个技术做了进一步的改进。他使用一个旋转的八面棱镜（以及后来超过八个面的棱镜）反射光束。当一个棱镜以已知的速度旋转时，八个面中每一个面以已知精确的时间间隔，短暂地处于使光束反射的位置上。通过改变棱镜速度便可得到适当的反射，使棱镜一个面反射的光束处于向外传播的路程上，而棱镜的另一面处于光束向回传播的位置上。通过这个办法，迈克耳孙测得了光在其路程上所花的时间。

在1926年，迈克耳孙做了最后一次这样的实验，光传播的路程是加州两座山顶之间的 70 千米长的来回距离。这一次迈克耳孙得到的光速是每秒 299 796 ± 4 千米。在实验误差范围内，这个值与现在所接受的值每秒 299 792.5 千米很吻合。当问他为什么在这个年纪还费心去精确测量光速 c 时，他回答道："因为好玩。"[①] 迈克耳孙逝世于 1931 年，终年 79 岁，那时他还开心地要对光速做更精确的测量。

在 19 世纪 90 年代初，迈克耳孙和他的同事爱德华·莫雷根据光谱红端纯光的波长也测量了在巴黎的标准米的长度。他们走在了时代之前，因为在 1960 年，本质上是同样的技术被官方采纳为依据光的特性来定义米的长度。由于他在这方面的开创性工作，他的光速测量以及他在构造精密光学仪器方面的技能，迈克耳孙于 1907 年获得诺贝尔物理学奖，成了第一个获得诺贝尔奖的美国人。然后，他的名字更是由于他与莫雷于 19 世纪 80 年代后五年所做的实验而被今天的人们所记住。

1880 年，迈克耳孙离开了安纳波利斯，据说是做短暂的学术访问，前往欧洲，在柏林、海德堡和巴黎工作。当然他阅读了麦克斯韦在《大不列颠百科全书》中关于以太的文章，并且于 1881 年当他在柏林赫尔曼·波尔兹曼实验室工作时，第一个试图做地球相对于以太运动的测量。他使用麦克斯韦所建议的技术，以及他自己设计的、由亚历山大·格雷厄姆·贝尔提供的资金建立的干涉仪，但是没有得到所预期的效果。然而，当时无人太在意，因为人们认为地球可能拖动以太运动。因而在地球表面上所做的测量不可能探测到任何"以太漂移"。

迈克耳孙没有再回到安纳波利斯工作，而是辞去了军职，于 1882 年去了在俄亥俄州克利夫兰的凯斯西储大学应用科学学院做物理学教授。在

---

① 引自韦伯：《科学先驱者》，第 33 页。

那里他首先做的事情之一是测量了光速，测得的数值是每秒 186 320 英里（约每秒 299 853 千米）。这是当时所做的最精确的测量，这个纪录保持了10 年，直到迈克耳孙自己对其做了改进。

1885 年，荷兰物理学家 H. A. 洛伦兹指出当地球穿过以太时，以太拖动效应不起作用，并且天文测量与光相对于以太以固定速度传播的思想是自相矛盾的。这促使迈克耳孙与爱德华·莫雷合作。莫雷当时已成为西部瑞泽伍大学（与凯斯西储大学应用科学学院合并）的化学教授。

与迈克耳孙一样，莫雷（1838—1923）把毕生献给精确测量的事业，包括空气中氧含量、氧原子的重量等。把他的技术与迈克耳孙结合，他俩建立了一个改进的干涉仪实验，并试图重新测量地球穿过以太的运动。1887 年，他们证实了迈克耳孙原来的实验结果，其精确度达到了当时的仪器所能探测的极限，但根本不存在任何地球相对于以太运动的证据，或换一种说法，不管光相对于地球以何种方式运动，其速度是完全一致的。

这是怎么回事呢？

△ 走向狭义相对论

经考虑后，我们也可以说没有以太存在的证据。因为当你琢磨时，你会发现维多利亚时代所相信的那种以太必须具有非常奇特的性质组合。一方面，为了使光以如此快的速度穿过它，它必须相对坚硬。物质越硬通过物质的振动传播速度越快，例如声音在钢棒中的传播速度大于在空气中的传播速度。但是，在空气中声速仅为每秒 344 米，而甚至在钢中声速也不过是每秒 5000 米。设想一下一种物质如此坚硬，以至于振动以每秒

300 000 千米的速度穿过它，你会对以太的一个关键性质有所感觉吗？

另一方面，以太必须非常稀薄。毕竟，地球在以太中运动时似乎不受阻碍——地球在其轨道上的运动没有因以太的拖曳而变慢。另外，为了传输光，以太被认为无处不在，即使在空气本身的原子和分子之间也应存在。每次你迈步时都会穿过以太，你的肺也在吸进以太，除了把光从一个地方传播到另一个地方，对你不会产生任何影响。

即使没有迈克耳孙和莫雷的工作，或许不久 19 世纪的科学家也会决定以太的概念应该完全放弃。由法拉第提出的另一个可选择的建议，即电场和磁场能够穿过真空，在几十年之后甚至在麦克斯韦方程表明变化的电场和磁场能够以电磁波的形式联合地传播之后仍没有被完全地接受。但是这个时刻即将来到。

物理学家对世界的看法产生显著的改变的首要迹象，是要求解释继迈克耳孙和莫雷于 1887 年所报道的确定性实验结果之后光的特性。于 1851 年出生于都柏林的爱尔兰物理学家乔治·菲茨杰拉德（George Fitzgerald）当时已在科学界有一定的声望，他曾准确地预言了振荡的电流能够产生我们现在所熟知的无线电波，这给亨里奇·赫兹指明了研究方向。他于 1889 年提出了一个对迈克耳孙 - 莫雷实验结果的解释。不管光相对于地球以什么方式运动，实验中没有测量到光速任何变化的原因是整个实验装置（和地球本身）在运动的方向上收缩。基于这个图像，问题得到了解决——光相对于地球的速度"确实"依赖于地球穿过以太的运动，但是实验仪器收缩的大小正好满足光速仍然是 c 的错觉。

这不是一个完全离奇的想法。物理学家们已经知道——的确麦克斯韦已经指出——两个运动电荷之间的作用力依赖于它们的运动方式。一个较强的力能够把物体拉得更紧，而菲茨杰拉德正在指出的是如果分子和原子在运动，那么使它们结合在一起的力变强（眼下，隐含的假设仍是相对于以太的运动），因而把它们拉得更紧并使由它们组成的任何东西收缩。

同样的想法也由 H. A. 洛伦兹于 19 世纪 90 年代独立地提出。我总觉得有一点不公平的是，现在称为洛伦兹 – 菲茨杰拉德收缩，而不是菲茨杰拉德 – 洛伦兹收缩。由于在电磁学方面的贡献于 1902 年获得诺贝尔物理学奖的洛伦兹的确把这个想法比菲茨杰拉德向前推进了一些，并于 1904 年（即菲茨杰拉德逝世后第 3 年）建立了一组被称为洛伦兹变换的方程。这组方程描述了不仅物体的长度而且它的其他性质相对于不同运动速度的观察者是如何"变换的"。

实际上，洛伦兹所提出的变换方程在数学上描述了由不同的观察者所看到的电磁场行为，这组变换方程把观察者的相对运动并入麦克斯韦方程中。一年以后，阿尔伯特·爱因斯坦指出这组同样的变换方程也适合于力学系统，提出了不仅运动物体的长度而且它的时间、速度，甚至质量对不同运动速度的观察者看来都是不同的。然而，奇怪的是，尽管爱因斯坦利用了洛伦兹的电磁方面的工作作为起点，当他在建立他的相对论理论时却没有受迈克耳孙 – 莫雷实验所表明的光速是不变的证据影响。在他逝世的前一年，即 1954 年，当被问及这个问题时，爱因斯坦说这个实验"不是一个重要的影响。我甚至不记得在我写这个题目的第一篇论文时（1905 年）我是否知道它"[1]。那么，是什么促使他沿着使物理学在 20 世纪头十年引起重大革命的路线思考呢？

————————

[1]　引自《科学先驱者》，第 33 页。

△ 爱因斯坦的洞见

1905 年，爱因斯坦 26 岁。他已于 1900 年在苏黎世工学院毕业，并从 1902 年起一直在位于波恩的瑞士专利局做技术专家的工作，负责评估新发明的技术优点（或其他方面）。那时，他想以科学为生涯的抱负似乎被他没有完全认真地接受苏黎世工学院所提供的传统教育所破灭。尽管在最后的结业考试中，他成绩优异。但是他有着懒惰的名声，还得罪了几位有可能给他找到一个位置的教授。然而，在专利局的工作是轻松的，这使他有时间建立他的物理思想——有足够的时间发表几篇科学论文，并且于引起狭义相对论突破的那些年里完成了博士论文。

爱因斯坦的生活经历及随后的一系列成就需要几本书来介绍。[①] 这里我想集中介绍狭义相对论，它告诉我们光的本质。爱因斯坦的杰出天赋是他对什么是一个问题的关键的物理洞察力。尽管他的数学比大多数人都高明，但是数学从来不是他的强项，而他对物理却有着极强的感受力。引导他走向狭义相对论的洞察力，是基于他对麦克斯韦方程的实质内容的超强的物理直觉。他为一个问题而苦思冥想，如果能够骑在一束光上，并以光的速度运动，那么将会发生什么样的情况呢？

麦克斯韦方程的核心是变化的电场产生波的（变化的）磁场部分，变化的磁场产生波的（变化的）电场部分。但是如果你以与波相同的速度运动，那么从你的角度来观察，波将根本不"波动"。它是静止的，就像大海里的一个波结成冰的情况。麦克斯韦方程相当清楚地告诉我们（当然，实验也表明）一个静止的磁场不能够产生一个电场，同样一个静

---

① 我与迈克尔·怀特合著的有关爱因斯坦工作的书列在了"参考书目"中。

止的电场也不能够产生磁场。这就根本不存在波动，甚至是一个冻结的波也不可能。

再一次，我们的问题回到了运动的相对性。尽管牛顿在涉及人在地球上运动、鸟儿在天空中飞翔，或是航船在大海中航行等诸多问题的时候，意识到了运动的相对性；他也想到必然有一个最终的参照系，即一个静止的通用基准，相对于它所有的运动就能够被测量。以太的概念正适合这种想法，所有的运动都可能用以太做基准来测量。牛顿还相信存在一个绝对的时间基准，即一种上帝的时钟，它为所有人以相同的速率永不停息地向前走动。但是，这些似乎合情合理的想法，它们却不能与麦克斯韦方程相符合。

爱因斯坦看出根本没有必要去祈求一个优先的参照系。没有必要在宇宙中存在一个静止的标准，相对于它来测量速度。相反，他说所有的运动都是相对的，这意味着没有人有资格说他是静止的，并且相对于他自己来测量所有的运动。严格地说，这种运动的相对性仅适合于相对于另一个观察者做匀速运动的观察者，也就是说，以恒定的速度做直线运动。在一个加速参照系中的任何人可以说，他由于自己感觉到的力的作用而运动。例如，当一部快速的电梯启动和停止时，你的重量似乎在变化；当一辆高速行驶的汽车在转弯时，你被抛向车厢的一侧。正是这个限制给出了理论的名称是"狭义的"。爱因斯坦的广义相对论把这个思想扩充到包含加速运动、沿着弯曲路径的运动，以及重力的情况。幸运的是，对于本书所做的讨论我们不需要广义相对论。

就构成一束光的电磁波而言，它们不知道或者说不关心波源正在运动的速度；一旦它们从波源发出且传播，它们就以由麦克斯韦方程所确定的速度 c 在空间传播着。

如果所有的做匀速运动的观察者（用物理术语表达为所有惯性的观察者）有资格说他们是静止的，所有的运动是相对于他们而测量的，那么，就应推断出他们必然会发现物理定律是相同的。如果我在以相对于地球来说四分之三光速进行运动的宇宙飞船中做一个实验，那么，我找到的"答案"一定与你在相对于地球二分之一光速运动的宇宙飞船中所得到的"答案"相同。如果我们得到不同的答案，那么，我们将如何知道哪一个"确实"在运动，而哪一个是不动的？

因而你必须怎样修正牛顿对现实的描绘，才能够保证所有的惯性观察者得到他们所做的实验的相同答案呢？爱因斯坦通过考虑一个从光源发出的电磁辐射脉冲对不同运动速度的观察者而言会呈现什么情形而找到了答案。在光源的参照系中，光以一个球壳的形状向空间发射。因此对所有的惯性观察者来说，它看上去一定像一个球壳的形状，否则他们就可以知道他们在运动。对所有观察者而言，光看上去以球壳的形状传播的唯一方法是，如果观察者的尺度由于他们相对于光源的运动而缩短，缩短的比例正好是由洛伦兹变换计算得到的洛伦兹－菲茨杰拉德收缩。然而还应该特别提出的是，速度本身不能按照常识性的牛顿力学思想所适用的方法来叠加。

牛顿力学的普通常识可表述为，例如，如果你看到一艘宇宙飞船以四分之三光速（$0.75c$）飞过，而另一艘宇宙飞船向相反的方向也以 $0.75c$ 的速度飞行，那么，一艘飞船相对于另一艘飞船的速度必然是 $1.5c$。但根据洛伦兹变换，在一艘飞船中的观察者会测得另一艘飞船的速度为 $0.96c$。此外，如果一艘飞船中的乘客发出一道闪光，那么两艘飞船中的乘客都会测得那个光脉冲的电磁波的速度为 c，而不是 $1.75c$。实际上，利用洛伦兹变换，没有任何方法能使两个小于 c 的速度加起来等于 c，更不用说

大于 c 了。此外，这意味着如果你以小于 c 的速度开始运动，并变得越来越快（即一直增加速度），你永远不能够让速度达到 c。你能够总是比某个选定的参照系运动得越来越快——从 $0.9c$ 到 $0.99c$，从 $0.99c$ 到 $0.999c$，等等——但你永远无法达到光速 c（并且当你测量光本身的速度时，相对你自己来说，你得到的答案总是 c）。

把这一条慢慢地重新写一遍是非常有价值的，因为它是量子神秘性最佳解决办法的基本特征之一：狭义相对论告诉我们，沿着一束光以与光传播速度相同的速度运动是不可能的；相对于某个选定的惯性系，原则上你能够使你的速度尽可能地接近光速，但到达不了光速——不论你多么接近光速，当你测量光束本身的速度时，你总是得到 c。

关于狭义相对论有许多有趣的含义和影响，这里由于篇幅的限制，我不再做详细的探讨。正是这个理论告诉我们，例如，质量和能量是通过这个著名的方程 $E=mc^2$ 关联起来的；正是这个理论把空间和时间结合成一个整体，即"时空"。但与现在的讨论有关的一件事情是这个理论告诉我们，对一个运动的时钟而言，时间会变慢。并不存在上帝给定的适用于所有观察者的绝对时间。

这个时间膨胀效应是由同样的称为洛伦兹－菲茨杰拉德收缩的洛伦兹变换方程支配的。要想获得一个有关它是如何产生的情况，其方法是根据时空的概念，而不是单独地把空间或时间分开来考虑。曾是爱因斯坦的老师的赫尔曼·闵可夫斯基于 1908 年提出了这个概念。他说，准确地讲，时间应被看成是第四维，应该把"向前和向后"的时间与"向前和向后"的空间、"向上和向下"的空间，以及"向左和向右"的空间，建立在相同的基础上。一个关键的差别是时间是以与空间坐标相反的符号进入相关的方程——按惯例，空间是以"＋"符号，而时间以"－"符号进入方程，尽管以其他的方式方程照样有效。由此我们得到，当运动使长度收缩时，它使得时间的间隔膨胀。这两种效应是互相匹配的，因而一个运动的物体收缩引起的量的变化正好被时间膨胀引起的量的变化所抵消。

相对论学者把物体描述成具有一种四维的长度，他们称其为广度，无论物体怎样运动，广度总是保持不变。然而，依据物体如何运动（或观察者相对于物体如何运动），广度可以分解成不同的长度和时间。

在光线底下拿一支铅笔，观察它在地上所形成的影子，你就会观察到与三维空间类似的情况。取决于你如何旋转铅笔的方向，它的影子可以从什么都没有变化到铅笔的实际长度之间的任何长度，尽管铅笔的实际长度一直保持不变。在三维空间中做匀速运动，在数学上等效于在四维时空中物体的变换取向，影子长度的变化等效于物体承受的长度收缩变化量，而时间膨胀以相反方向变化，即随着影子的收缩而变长。我们周围的三维世界在本质上是四维时空的一个影子。

这些效应只有当所涉及的速度与光速可以比拟的时候才能呈现出来。最重要的一点是，它们确实呈现出来了，而且准确地按照爱因斯坦的理论所预言的方式呈现出来了。狭义相对论已被大量的实验所证实，而且成功地通过了每一个实验的鉴定。在这里我仅给出一个时间膨胀起作用的经典例证。

地球周围的大气始终受到来自空间的粒子的轰击，这称为宇宙射线。当这些粒子与外层大气的原子相互作用时，经常产生另一种类的粒子簇射，称为 μ 子。这些 μ 子具有很短的寿命。在它们"衰变"成其他类的粒子之前，作为 μ 子它仅存在几微秒。尽管它们以接近光速的速度运动，根据日常生活中常识的时间概念，它们并没有足够的时间能够穿过大气层而进入地球表面。然而，粒子物理学家发现，大多数 μ 子确实能够到达地面。对此做出的解释是由于 μ 子相对于地球以相当快的速度运动，对它们来说时间变得很慢。更准确地，狭义相对论指出 μ 子的寿命延长了 9 倍——根据我们的时钟，它们的寿命比它们静止时的寿命长 9 倍。

但是，请记住狭义相对论还指出，μ 子有资格把它们自己看成是静止的。在它们自己的参照系中，在到达地面之前，它们肯定仍然是衰变的吗？根本不是这样！如果 μ 子被看成是静止的，这确实是允许成立的，那么我们必须把地球看成是以接近光速的速度通过 μ 子！从 μ 子的角度来看，这当然会引起地球按照由洛伦兹变换计算得到的量收缩。因为涉及的速度是相同的，而且在那些方程中时间和空间是对称的，所以收缩的量应与时间膨胀的量相同，即 9 倍。但是因为方程中时间项前面是负号，因而地球大气层的厚度缩为原来的 1/9。从 μ 子的观点来看，它们必须穿过的路程仅为我们所测得的地球大气层厚度的 1/9，因此，它们有足够的时间在衰变成其他粒子以前完成这个短暂的行程。

狭义相对论并不是一个异想天开似的假设，而是经过了牛顿实验验证的理论——它"解释了事情的性质"并"提供了能够用来（成功地）证明那些解释的实验"。

那么，当我们把这个时间膨胀推到极限时，会发生什么情况呢？再回到原来爱因斯坦关于光所提的问题上，对一束光（如果你愿意，或一个光子）来说，或一个骑在一束光上的人来说，宇宙"看起来"又会是什么样呢？对于一个光子来说时间又是如何流逝的呢？

首先回答第二个问题——这不是一个问题。洛伦兹变换告诉我们对于一个以光速运动的物体来说，时间是静止的。当然，从一个光子的角度来看，任何其他的东西都以光的速度通过它。在这些极端条件下，洛伦兹 – 菲茨杰拉德收缩把所有物体之间的距离减小为零。你可以说对一个电磁波而言时间是不存在的，因此在其路径上的一切（宇宙中任何地方）无不是同时的；也可以说对一个电磁波而言距离是不存在的，因而它即时地"接触到"宇宙中的任何事物。

这是一个相当重要的思想，但我从未见到它被给予应有的重视。从一个光子的观点来看，它不需要任何时间就能穿过从太阳到地球之间的一亿五千万千米（或穿过整个宇宙），这是由于对一个光子来说这个距离间隔是不存在的这个简单的原因。物理学家似乎忽视了这种事物的非凡状态，因为他们认为任何实在的物体都不能加速到光的速度，因此，没有任何人类（或机械）的观察者能够体验到这种奇怪的现象。或许他们只不过是被方程所表述的意思弄得不知所措，以至于没有完全考虑这个含义。尽管如此，我所希望说服你的仍是，从一个光子的角度来看，空间和时间这种奇异的性质能够有助于解决所有量子物理中种种极不寻常的神秘。但是，在我开始向你介绍狭义相对论和量子理论如何相互结合起来，提供了对电磁现象一个最新的描述之前，我们有必要简单地看一下狭义相对论的另一个含义。爱因斯坦的方程告诉我们，通过叠加两个（或多个）小于 c 的速度，永远也无法得到一个大于光速的速度。但是，方程并没有说不可能以超过光速的速度运动。

△ 超光速与时间倒退

正如我在前言中所暗示的那样，狭义相对论没有说某种东西在原则上是不可能做超光速运动的，它真正指的是不可能超越光速"障碍"。如果一个粒子比光运动慢，那么，它必须获得无穷大的能量才能够加速到光的速度。但是，爱因斯坦的方程在其描述运动的形式上具有漂亮的对称性，光速恰在中间。方程还指出，如果一个以超光速运动的粒子确实存在，那么，它将总是超光速地运动。在光障碍的另一侧，必须获得无穷大的能量才能把粒子的速度降到光的速度。

方程允许超光速粒子的存在，它们被命名为"速子"（tachyons），这个名称来自希腊语，意思为"超光速粒子"（少数物理学家略带些虚情假意地说普通的、比光速慢的粒子也应有一个名字。由于它们比速子"慢"，因而被命名为慢子）。如果速子确实存在，那么它们生活在一个非常奇异的世界里，在那里我们已知的物理定律都以其"镜像"的形式存在。方程相对于光速的对称性意味着这个临界的速度，在某种意义上来说，似乎把粒子放在它的两侧。它就像一个无穷长且无穷高的山脊，在山脊的一侧，如果你听任粒子们自行其是，那么，它们将沿着斜坡滚向较慢的速度；但在斜坡的另一侧，除非给粒子施加能量，否则它们就会向下滚向更快的速度。由于从我们这一侧来看，随着你向光束的接近，时间走得越来越慢，在光速的时候时间达到静止，因而在山脊的另一侧当你发现时间慢慢地向后走，并且随着速子沿着山脊下降，它的速度变得越来越快——随着速子持续偏离光速——时间向后走得也越来越快时，你不应该感到惊讶。

随着一个速子失去能量，它会在空间和（向后的）时间上走得越来越快。因而，在一个粒子相互作用中（或许当一束宇宙射线与地球的大气相互作用时）产生的任意速子的命运是在一个极短的瞬间内辐射掉所有的能量，并加速到一个相当惊人的速度，极其迅速地跑到宇宙的另一边。

像这样的实体确实存在的可能性是微乎其微的。但是，即使有最微小的可能性来发现像这样激动人心的东西，也是值得我们花一点精力的。这就像买彩票，一张彩票只有赢得大奖的一个极小的可能性，但你会认为为了大奖的结果，这仍然是值得的。因此，一些物理学家确实已经在宇宙射线簇中寻找速子的痕迹（这确实代表了一个小小的"赌注"，事实上，这是由于探测器已经建成，并且正在用于更常规的工作中）。按照逻辑，一个速子的"标记"是刚好在来自空间的一个粒子撞击地球大气层的顶部产生一束像 μ 子的粒子簇线之前，在地球表面上一个宇宙射线探测器所记录的一个事件。在这个事件中所产生的任何速子将沿着它的轨迹随时间向后传向探测器。

不幸的是，对科幻小说爱好者（对物理学家们来说，如果能捕到一个速子，他们肯定能获得诺贝尔奖）来说，从这些实验中得不出任何有效的证据表明速子确实存在。速子概念的重要性仍然是非常明白的，因为它表示了相对论方程是如何不排斥实体随时间向后传播的可能性。没有人提出实际粒子——速子——是在聪明的观察者打开宇宙飞船的门，并注意到一只猫是活的还是死的时候产生的，然后这些粒子随时间向后运动，使"原来的"电子波函数坍陷（除去其他任何事情，产生粒子，甚至是速子，也需要以 mc^2 形式的能量）。但是，如果物理定律允许任何类型随时间向后的交流，我们肯定也倾向于把我们的思想扩充到考虑在飞船中生活的猫在这个方向上会发生什么情况，以及考虑超距离作用的可能性。

正如我在《寻找时间的边缘》一书中清楚地说明的那样，实际上物理定律（包括广义相对论中的那些定律，不仅仅是狭义相对论）中没有任何定律禁止时间旅行。它可能是相当困难，也相当难以理解的，即与我们的常识相违背。但是，它没有被物理定律所禁止，我们对常识的概念已经被由相对论和量子理论所描述过的概念所打碎，而这两个理论都是由牛顿能够赞同的实验所支持的。

我在这里不再对这一点做太详尽的阐述，而要把它好好地收藏在你的头脑中。这样在本书的最后，有关一些我必须谈的事情，对你来说就不会来得那么突然。现在，让我们回到光本身，特别是回到电磁学与量子物理学的联系上。

△ 进入光子世界

直到 19 世纪末，光是一种波的概念已经牢固地建立起来了，以至于提出光像粒子的行为就几乎成了左道邪说。然而结果表明，这正是解释光的行为所必须提出的思想。直到 20 世纪 20 年代，物理学家们才（在他们已经让步的范围内）让步于光子的概念和波粒二象性。

第一步是由德国老派物理学家马克斯·普朗克提出的。他出生于1858 年，到 1892 年已成为柏林的理论物理研究所的物理学教授。在 19世纪 90 年代后半期，普朗克做了很大的努力去解释电磁辐射，包括光从热物体辐射的行为。与当时其他的物理学家一样，他面临着一个巨大的难题。按照波行为的经典定律（当应用于吉他弦的振动或一个池塘表面的波纹时，这些定律与实际情况符合得相当好），带电粒子极易在高频端（相应于短波长）辐射能量。在一个热物体内部（例如一个电灯泡丝）带电粒子（电子）的振动速度取决于它们的温度。因此，根据经典的理论，任何热物体应该在波谱的短波部分（例如紫外线、X 射线等）辐射极强，而在长波长（可见光、红外线以及无线电波段）辐射很弱。但是你的电灯泡肯定没有辐射出大量的 X 射线，要不然你也不会活着阅读这些文字。事实上，任何热的物体在其取决于温度的特征波长为中心的波段内辐射最强。太阳是黄色的，是因为它具有大约 6000℃ 的温度，而黄色是这个温度下辐射最强的颜色，一个红热的火钳其温度比太阳低，因而它在较长的波长段，即光谱的红色段，辐射最强。温度与辐射的特征波长之间的关系称为黑体辐射定律，而特征辐射称为黑体辐射（"黑体"是因为同样的法则运用于辐射被一个黑色表面吸收的规律，方程再一次地呈现出对称性）。

经过大量的工作，包括数次闯进黑暗的死胡同，普朗克于 1900 年从困境中想出了一个办法。他意识到，如果热的物体不可能辐射它要辐射的任何数量的电磁能量，那么，黑体辐射的性质就能够得到解释。电磁能量是以有限大小的小份形式辐射的（或吸收的，这取决于你以什么样的形式写方程），他称一小份为量子。波的每一小份能量取决于它的频率（能量实际上等于频率乘以现在称为普朗克常数的那个确定的常量）。他解释了黑体辐射的性质，详细解释如下文。

虽然电子在一个热体中振动的速度取决于温度，但是它们并不都是以完全相同的速度运动。大部分电子以某个大约平均的速度振动。但某些具有稍多一些的能量，因而振动较快；而另一些具有少一些的能量，因而振动较慢。总存在一个围绕平均值的能量分布，就像一个班的学生中总存在一个围绕平均高度的身高分布一样。对于很高的频率，成为一个量子所需要的能量相应变大，并且一个热体中极少数量的带电粒子（振荡电子）将获得足够多的能量而成为一个量子。因此，只有极少数的短波长量子辐射。在另一个极端，对于低能量的量子而言，存在着很多电子能够做出相应的辐射，但所涉及的能量是如此微弱，以至于所有长波长的量子加起来也没有很大的能量。但是，在中间处，即在对应于热体温度的频率的一个范围内，存在着的大量振荡电子能够成为量子，每一个量子的能量加起来，给出了一个可观的辐射。

1900 年 12 月，普朗克这个发现的公布被世人看作是量子革命的开始。但是，普朗克本人否认光仅能够以量子的形式存在，就像光的小粒子一样。他认为重要的一点是进行电磁能量辐射（或吸收）的带电粒子的一些性质在起作用，尽管光本身（以及其他形式的电磁辐射）以经典的波的形式存在。但是，带电粒子的性质阻止它们进行除确定的量的辐射或吸收。

尽管普朗克的计算应用于描述从热物体到电磁辐射均给出了正确的答案，许多人（包括普朗克本人）仍为如何利用这些计算来解释事情的本质而烦恼。直至 1918 年，普朗克才因为这个工作获得了诺贝尔奖（具有讽刺意味的是，虽然他活到 1947 年，但他从来也没有屈服于这个新理论）。这对阿尔伯特·爱因斯坦的理论工作（在 1921 年，他因为这项工作获得了诺贝尔奖）和罗伯特·密立根的实验（他于 1923 年获得诺贝尔奖）起了很大的作用。

20 世纪初，只有爱因斯坦有勇气承认普朗克量子的物理现实性。在他 1905 年发表的一篇论文中，爱因斯坦解释了由于光粒子（量子）对金属中电子的作用，电子被光从金属中激发出去的行为（即光电效应），每一个光量子携带一个确定量的能量，这个量仅仅取决于它的频率（颜色）。因此，特定颜色的纯色光从金属中激发出去的所有电子携带的能量均相等。1899 年，实验物理学家们一直在为这个发现而感到困惑，现在终于有了一个解释。爱因斯坦非常了解他的这一发现的重要性。起初，几乎无人认真地对待这个想法，甚至在 1911 年一次名为"第一届索尔维会议"的科学会议上，爱因斯坦告诉他的同行们："我认为这个思想是暂时的，因为它似乎与已经为实验所证实的波动理论的结论不相符。"① 问题在于甚至连爱因斯坦也仍在用"或者……或者……"的关系来考虑这个问题，或者光是一个波，或者它是一个粒子。是波的证据必然会排斥掉粒子的可能性；而是粒子的证据也必然排斥掉波的可能性。二者不可能都是对的，是这样吗？

密立根出生于 1868 年，逝世于 1953 年。当"第一届索尔维会议"召开时，他正工作于芝加哥大学。他同意这个观点且认为光可能是由粒子组成的这个提议是无稽之谈，因此，他着手对光电效应进行一系列精确设计的实验，以证明爱因斯坦是错误的。到了 1915 年，实验结果已经证明，事实与他原来的想法相对立。他优异的判断力，使他不得不承认所有的证据表明爱因斯坦是对的，光量子确实是存在的。按照这个方法，他第一次测得了普朗克常数的精确测量值，他也以相当高的精度测量了电子的电荷。仍然没有人理解光量子物理现实性的重要性，但是实验的证据不能够被否定，因此，诺贝尔奖的疾风随后与这个由普朗克开始的工作联系上了。1923 年，当密立根获得诺贝尔奖的时候，光量子的概念已经被牢固地建立起来了，但是，直到 1926 年才由物理学家吉尔伯特·路易斯给出了"光子"的名称（来自希腊文的光"photos"）。这个名称紧跟着描述光粒子性质并导致量子力学产生一个新方法的发现之后。

---

① 参见《寻找薛定谔的猫》。

△　教爱因斯坦计算光子的人

当时正工作于东孟加拉湾的达卡大学的印度物理学家玻色（Satyendra Nath Bose）向物理学家们表明一加一未必等于二，这为量子力学和光与物质的理论铺平了道路。1994 年有玻色一生的两个周年纪念日。他恰巧生于 100 年之前的 1894 年 1 月 1 日，在加尔各答出生，在 1974 年 2 月 4 日逝世。在 20 世纪 20 年代初期，他最伟大的成就是提出了当时构成辐射的量子理论的思想，以及对光量子给出把所有东西连成一个相关整体的数学描述。

在 19 世纪末，当普朗克把量子化的概念引入辐射与物质之间相互作用的讨论中时，他为了解释黑体辐射的行为，已经使用了这个概念。尽管阿尔伯特·爱因斯坦于 1905 年提出光本身必然是量子化的（并且密立根的实验证实了爱因斯坦是正确的），甚至在 20 年代初期许多物理学家——或许是大多数物理学家——"实际上不相信"光是以粒子的形式存在的。因此，仅在玻色把光的量子理论建立在一个可靠的数学基础上之后的 1926 年，光粒子才被冠以"光子"的名称，这并不是一个巧合。

普朗克通过把电磁能量（在数学上）分成小份的方法，解决了黑体问题。但是，在这里我特别强调的是，他没有指出这些小份的辐射具有任何物理意义，而是认为热物体内所发生的情况使热物体只允许以一定大小份额的形式辐射能量。这很像水从水龙头中慢慢滴到一个贮水的池子中的情形。在水龙头后面的管道中，是连续的无固定形状的水，在池子中是一池子无定形的水；但是滴水的水龙头的物理性质只是意味着水只能以一定大小的水滴形式从水龙头中流出。

就像水从滴水的水龙头中流出一样，在普朗克的黑体辐射描述中仅是辐射的发射（或吸收）的机制，涉及一定大小的小份能量。甚至普朗克本人也认为，不存在光或其他形式的电磁辐射，确实仅以小份，或者说是以量子的形式存在的说法。在 1931 年写给 R.V. 伍德的一封信中，普朗克回忆道："（量子化）纯粹是一个形式上的假设，除了不论任何代价我必须得出一个确定结果，我确实没有对它给予太多的考虑。"[①] 在 20 世纪 20 年代早期，几乎每一个人都知道"光量子"能够解释其他理论无法解释的光与物质相互作用的特性，但是几乎没有任何人相信它不仅仅是一个数学上的技巧；他们仍然认为，光"实质上"是一个由麦克斯韦方程描述的波。

但是，有一个例外。在印度，物理学家们把光量子看得很重要。具有开创精神的天体物理学家梅格纳德·萨哈（Meghnad Saha）在 1919 年发表在《天体物理学报》上的一篇论文中，利用光量子描述了辐射压力，随后又与玻色合作翻译了一篇爱因斯坦的论文。它是爱因斯坦关于广义相对论论文最早英译本之一。这所引起的讨论使玻色意识到需要对普朗克黑体辐射"定律"做一个合适的推导。在这个推导中，必须没有普朗克把量子离散的基本要素与连续波的经典框架连接起来所引起的必然的结果不一致性。他发现只要光粒子满足于与我们已习惯的统计不同的另一种统计，这一点即可做到。

玻色工作的奇特之处在于他不用波（或者更确切地说，电磁场）来描述电磁辐射。他通过把光子处理成像气体粒子一样充满整个空腔，并且满足于日常世界中使用的统计类型不同的另一种统计规律，得到了普朗克方程。

为了获得对这件事情的了解，一个简单的办法是考虑一对具有同样面

———

① 引自《新科学家》1994 年 1 月 8 日。

值的新硬币。如果你掷两枚硬币，你将见到三种不同的结果。两枚都是头像，或都是背面，或者每面各一枚。乍一看，你可能会猜测每一种结果都有相同的可能性——例如，三分之一的可能性是头像和背面各一枚的组合。但仔细一想，你会发现事实并非如此。

假定你把两枚硬币中的一枚做上某种标记，使得两枚硬币可以区分开（或使用两枚不同面额的硬币），现在很容易看出尽管只有一种方法得到头像－头像的组合，一种方法得到背面－背面的组合，但有两种方法得到头像－背面的组合（想象一下这是"头像－背面"和"背面－头像"）。只要一枚硬币是背面的，另一枚就是头像。因此，计算掷两枚硬币的可能结果的正确方法应该是四种可能结果：头像－头像、背面－背面、头像－背面和背面－头像。任何一种结果的可能性是四分之一，而不是三分之一。由于有两种方法可以得到一枚头像和一枚背面，因此，这种情况的可能性是1/2，即50%（1/4 加 1/4）。重要的一点是，如果钱币是不可区分的，那么头像－背面这种组合不能与背面－头像的组合区分开来。

但是，如果粒子确实可以相互区分（这不是因为你把硬币做了标记，而是因为它们自身的禀性），那么，统计结果是不同的。就有掷币实验的四种结果，每一种均有相同的可能性。不必过多地担心细节，重要的是从这个简单的例子中，你可以看出如果粒子是不可以区分的与粒子是可以区分的所呈现的统计结果确是不同的。换句话说，描述大量粒子在一起时的行为你所必须使用的统计取决于你要处理的粒子的种类。

玻色发现通过把光子处理成必须按一定方式来计算的粒子，便可推导出普朗克公式。光子是相互无法分辨的（尽管这不是整个的情节，但我不打算在这里对其各种情况做深入的探讨），并且在光子的世界中，光子呈现的统计规律影响着能量在它们之间分配的方式——在不同的能量状态之间光子的分布。

光子的行为还有其他有趣的性质，它们不是守恒的。例如，每当你按动一下开关打开灯的时候，你就制造了许多光子。与此同时，它们也从太阳和恒星上以很大的数量奔涌出来。光子始终在被你房间的墙壁、你的眼睛、地球的表面等处吸收。但是，这两个过程并不平衡，而宇宙中光子的数量也始终是变化的。

这一点非常不同于我们习惯中想象的那类粒子，电子的行为。除非在特殊的情况下，电子和它的"反粒子"对，一个正电子，一起产生（或消失），电子是不会产生或消灭的。宇宙中整个的电子数目（为这个目的，一个正电子被计作"负一个"电子）保持不变。

这表明另一种不同的统计规律适用于像电子一类的粒子。为了纪念意大利物理学家厄里克·费米和英国物理学家保罗·狄拉克的工作，这种统计被量子物理学家称为"费米–狄拉克统计"。满足现在我们称为玻色–爱因斯坦统计的粒子，例如光子统称为"玻色子"，满足费米–狄拉克统计的粒子，例如电子统称为"费米子"。

为什么称为"玻色–爱因斯坦统计"，而不仅仅是"玻色统计"呢？1924 年，玻色向《哲学》杂志投了一篇叙述他的发现的文章，但没有收到回音。因此，他在同年 6 月给爱因斯坦邮寄了一份论文复印件。他请求爱因斯坦阅读一下手稿（用英语写的），如果他认为有意义，那么，就请他递交给德国的《物理杂志》发表。玻色的工作给爱因斯坦留下相当深刻的印象，因此，他把文章译成了德语，签名后投给那个杂志。对于杂志社来说，有爱因斯坦签名的任何文章当然是会受到欢迎的，于是这篇文章按期于 1924 年夏天刊登出来了。

这篇文章的意义是令人敬畏的。玻色只简单地把光子看成是满足某种统计规律，且行为像量子气体的粒子，便直接推得了黑体的电磁辐射方程。玻色在黑体定律的推导过程中没有一丁点儿电磁波的痕迹！爱因斯坦本人接受了新的统计规律的思想，并在他的三篇论文中把这个新思想应用到了其他问题上，这是他对量子理论所做的最后的重大贡献。在应用这个新思想描述不同条件下气体（在某些情况下，这个统计适用于守恒的实体）的性质时，爱因斯坦指出，就像光的行为（习惯上被看成一个波）可以根据粒子来解释一样，在适当的环境中，分子（"粒子"）行为应该表现得像波。

1924 年年末，正当他在仔细地推敲这一发现的重大意义时，他收到了路易斯·德布罗意的指导老师保罗·朗之万寄来的德布罗意的博士论文复印件。德布罗意做了一个似乎令人难以接受的断言，他认为粒子（例如电子）行为能够像波。朗之万无法确定这是一种天才的举动，还是彻头彻尾的疯狂。"我认为，"爱因斯坦写道，"它所涉及的不仅仅是一个类推。"德布罗意的工作在这个赞成的力量支持下，被广泛地重视起来，并被薛定谔所采纳。他把它发展成为一个对量子世界的完全描述，即波动力学。他后来说"波动力学是统计中产生的"，在 1926 年 4 月他在给爱因斯坦的一封信中也说道："如果不是你的关于玻色气体的第二篇论文把我的注意力转向德布罗意思想的重要性上来，整个事情不会从现在或者是其他任何时候开始（我指的是就我而言）。"①

然而，玻色本人在后来的几年里没有参加有关量子理论的激动人心的工作。他沿着自己早期的其他兴趣，即广义相对论，跟随爱因斯坦做统一

---

① 本章及下一章中的引言摘自狄潘克尔·霍姆（Dipankar Home）在 1994 年 1 月 8 日出版的《新科学家》里的文章。

场论的研究（后来的结果证实这是在死胡同里做的不成熟的摸索）。1955年爱因斯坦逝世后，这个研究失去了推动力，从而玻色的工作也大多被遗忘了。在他生命的最后20年里，他把自己奉献给了科学的普及、教育以及提高公众对科学的理解等事业中。在晚年，他谈论道："我实际上已不再在科学里。我像一颗彗星，一颗曾经来临却又永不复返的彗星。"但是，正是这颗彗星闪耀的光芒改变了20世纪20年代物理学家思考问题的方法，改变了从那时开始的物理学发展的方法。

在光子被命名的20多年以后，物理学家终于提出了一个量子化电磁场的满意理论——这个漫长的等待是值得的，因为他们最终提出的这个理论——称为量子电动力学（QED）——是迄今为止最成功和最精确的科学理论。它描述了电子与电磁辐射如何相互作用，解释了除万有引力和原子核性质，物理世界中的其他任何事情。它为相当精确的实验所证实。

△ 有关光子与物质的新理论

这个标题借用了理查德·费曼的巨著《量子电动力学》的副标题。费曼出生于1918年，逝世于1988年。他是他那个时代最伟大的理论物理学家，对科学做出了许多重要的贡献。既写了畅销的教科书，又写了畅销的自传书籍；他是一位德高望重的老师，到晚年他是世界上最著名的科学家（和最著名的科学典范）之一。但是在他的众多成就中，最伟大的成就莫过于量子电动力学，他称之为"光与物质的奇异理论"。

量子电动力学是非常重要的，因为电子之间以及电子与电磁辐射之间的相互作用，决定了我们周围世界的几乎所有事情。这个世界和我们自己都是由原子组成的，而原子是由被电子云包围的紧凑的中心原子核组成的。电子是原子可见的"一个侧面"，并且原子和分子的相互作用实际上是电子云之间的相互作用。电子相互作用的方式是交换光子。一个电子发射一个光子，以某种方式"后退"，或一个电子吸收一个光子，获得一个"冲力"。当原子相互作用时所发生的任何情形用这些关系都可以解释。

化学中的所有情况都可以用量子物理，特别是量子电动力学来解释，生物的生命取决于原蛋白质和 DNA 等复杂分子的行为，这些也是化学问题，并最终也取决于电子的量子性质。电子以电子云的形式聚积在一个原子的原子核周围的方式，取决于电子的负电荷与原子核中质子的正电荷的相互作用，因而它也由量子电动力学支配着。像涉及原子核自身变化的放射性衰变之类的情况不能根据量子电动力学来解释，而需要另一个理论。但是，甚至我们对原子核内部发生情况的最新理解，也是基于有意地建立在量子电动力学的成功之上的理论，尽管它不如量子电动力学那样成功，但在它自己的标准上，也是相当成功的。

存在着一些不同的方式来解释量子电动力学是怎样处理问题的，但我喜欢费曼的解释方式。他是依据粒子，即光子和电子以及概率波来处理的。概率告诉你在哪里最有可能找到粒子，但是当你确实找到了它们（像在电子通过双缝干涉的实验中）就会发现它们是粒子的形式。费曼说，在处理光与物质相互作用时，只有三种因素起作用：第一，光子从一个地方到另一个地方的概率；第二，电子从一个地方到另一个地方的概率；第三，电子吸收或发射一个光子的概率。如果你能够计算涉及所有电子和光子的所有事件的概率，那么，你就解决了当电子与光子相互作用时会发生什么的问题。

对于复杂系统，这将涉及大量的计算，尽管单个计算可能相当简单。因此，精确的计算只能对涉及几个电子交换几个光子的相对简单的系统进行。尽管如此，这些精确的例子有助于建立适用于比较复杂的情形的较为普遍的近似（这些近似可以仍然相对精确）。

计算中混乱的部分是当我随便地提及"一个光子（或一个电子）从一个地方到另一个地方的概率"时，在你的脑子里猜测的图像几乎肯定是一个粒子沿着从 A 到 B 的一条光滑路径运动。但这错了！费曼对量子电动力学发展的关键贡献之一是，他意识到我们必须考虑从 A 到 B 的所有可能路径。从双缝实验中，我们已经看到半个光子通过实验时似乎知道有两个孔，这就好像它沿着两条路径通过实验。但费曼走得更远，他说，一个粒子在从一个地方到达另一个地方的过程中，应该考虑到每一条可能的路径。不仅仅是直线路径，或光滑的弯曲路径，还有可能是你能够想象的最复杂、最崎岖的"路径"。

这个观点一开始让人感觉很荒谬可笑，但是费曼提出这个想法的方法表明这（几乎）是常识。在双缝实验中，在狭缝后面的屏幕上任一特定点处得到一个光点的概率必须是叠加对应于通过每一个狭缝光的概率来得到。只要我们不去考虑光子的粒子特性，这点就可做常识理解。但是假设在遮挡屏上我们做的不是两个狭缝而是四个狭缝，那么，我们必须叠加四个概率。如果是八个狭缝，我们必须叠加八个概率，等等。如果遮挡屏上开有一百万个狭缝，在原则上，我们通过计算穿过实验的一百万条不同路径的概率后再把它们叠加起来（把它们"积分"起来），仍然能够计算出远处屏幕上任何部分的光的亮度。但是为什么就此而止呢？我们可以设想把遮挡屏分成越来越多的狭缝，直至最后没有遮挡处剩下——即"狭缝"

互相重叠起来。费曼意识到，在没有遮挡屏剩下时，我们必须叠加从光源至远处屏幕上那一点每一条可能路径的概率，如果根本不存在遮挡屏，这意味着积分穿过实验的每一条设想的路径的概率。更复杂路径的概率是非常小的，且它们通常在计算中互相抵消。正如费曼通过描述光如何从一个镜子反射时所解释的那样，它们的影响确实存在。

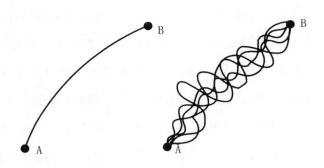

图 7　经典路径与费曼路径积分

经典物理——艾萨克·牛顿物理——描述一个粒子沿着唯一的一条路径从 A 到达 B；理查德·费曼的量子电动力学解释我们必须计算从 A 到 B 所有可能路径的交叉点，然后再把它们叠加起来——不仅仅是图中所画出的几条路径，而是实际上每一条可能的路径；这种"历史求和"（求"路径积分"）方法是理解在双缝实验中一个电子如何同时穿过两个孔并与自身干涉的一种方法。

我们在中学时都学过一个原理，当光从一个镜面上反射时，它与镜面所形成的入射角与它的出射角大小相等。你可以很容易地检验这一点，即从一个角度看一面镜子，观察是哪一个物体经反射进入你的视线中。这里是我们在中学或大学中学过的另一个原理的例子，即光线是沿着传播时间最短的路线传播。允许光线被反射且不是直接从光源到你的眼睛的事实，这个等角度的反射确实是光线从光源到你眼睛之间最短的总距离，因而是光线到达你眼睛需要时间最短的路径。如果告诉你在光到达你眼睛的路程中，光从物体实际上传向镜面的每部分，且反射是以各种各样不同的角度

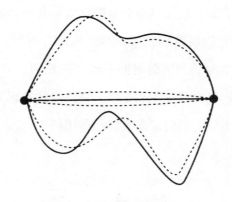

图 8　光传播的理解

费曼的量子电动力学方法也适用于光。光线实际上不是仅仅沿着直线传播，而是沿着从光源到观察者之间的每一条可能的路径传播；正好发生的情形是，当你把所有"历史"叠加起来时，除了接近一条直线的那些路径，它们都互相抵消。

来自镜面的每一处，然后组合起来构成你所见到的图像，你会对这一切感到惊奇吧。那好，准备好让自己大吃一惊吧——根据量子定律，事情正是这样发生的。

在极端情况下，设想光从物体的垂直角度传向镜面，反弹后以较小的角度传进你的眼睛；或者，设想光以掠角射向你面前的镜面，然后以垂直的角度反弹，因而你能够看到它；甚至，设想光离你而去以相反的方向行进至镜子的遥远的边缘，然后以锐角弹回你的眼睛。所有这些情况以及所有其他可能的情况确确实实正在我们身旁发生。我们没有注意到这点的原因是接近最短路径的那些路径不仅是更可能的，而且互相加强，使得最短路径以压倒之势的可能性发生。原因仅仅是接近经典路径的概率叠加起来而且互相加强。正如费曼所表述的"时间最短的地方也是附近路径的时间几乎相同的地方"①，并且这是概率叠加的地方。在镜面的边缘处，光子为了能到达你的眼睛，以特殊的角度反弹，因此"附近"光子从光源到镜面，再从镜面到你的眼睛所需的时间有较大的差别。由概率计算的方法，这意味着附近路径的概率几乎相互抵消。因此，从常识上来看，仅你本能知道的镜子部分在做反射的时候是实际起作用的。

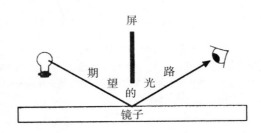

图 9 经典物理学的镜面反射
经典物理学认为镜面以直线的形式反射光线，因此入射角总是等于反射角。

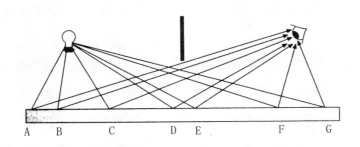

图 10 费曼的解释
费曼发现尽管直线路径在"历史求和"过程中是占优势的，但是所有直线路径都是重要的；光以各种奇异的角度从镜面所有地方反射，但是这一次除了接近经典路径的路径，镜面临近地带的路径互相抵消了。

---

① 参见费曼：《量子电动力学》，第 45 页。

但是，请少安毋躁，这并不是故事的结束。有一个简单的实验能够证明反射的光子确实是来自镜子的边缘，尽管它们互相抵消。设想除了边缘一小部分，将整个镜子用一块黑布盖住，因此，它不能反射光线。现在，如果光线传播向黑布，并以相等的角度反射后到达你的眼睛，那么在光线能到达的地方寻找一个图像是没有用的，因为光被黑布所吸收，你将根本看不到任何图像。然而，有一个技巧能够利用镜子的边缘产生一个图像，即以"错的"角度做反射。

尽管镜子边缘的临近部分的概率波互相抵消，但你仍能找到概率相加的镜子条带。问题仅仅是它们被概率表现完全不同的镜子条带所分隔开来。总的来说，概率被抵消了，但存在着被相反概率条带分开的加强概率条。所以，我们必须做的是在概率"错"的地方仔细旋转某些黑布条，剩下一半可见的镜子，但所有的概率互相加强。

需要做加强作用的镜子条带间隔取决于所涉及的光的波长（由于我们依据光子描述光线，这是一个精彩的波粒二象性的例子），因此，如果你想看到一个清晰的图像，最好用单颜色的光（单色光）做这个实验。如果你这样做了，实验是会有效果的。为了得到一个反射图像，你把一面镜子放在不适当的地方，我保证你得不到图像。当你用正确的方法盖住镜子的一半（而常识告诉我们这样做，看到反射的可能性更小），你便确实地得到了一个反射。

我们把这样一个反射系统称为衍射光栅（因为反射效应也可以根据光波的衍射来解释），并且你可能多次见过这样的衍射效应。具有反射条带的一个"光栅"在一个固定距离处能以略微不同的角度反射不同颜色的光，把白光分解开，形成彩虹状的光谱，与当年牛顿用一个棱镜把太阳光分成不同颜色的光谱相同。这也就是当你在太阳底下拿着一张光盘形成彩虹图案的原理。按正确的角度（常识认为应当的角度）拿着一张光盘，在它闪耀的镜面，你会看到对灯泡的一般的反射；但当你倾斜一下光盘，你不会见到常识中的反射，见到的依然是由光子在 CD 光盘表面上的平行沟槽处的奇异角度反弹所形成的彩虹图案。的确，甚至当你看到"正常"的图像时，通常你也能看到来自 CD 光盘"错"的部分反射出光的彩色条带。在你自己家里的卧室中你能够见到量子电动力学在起作用。

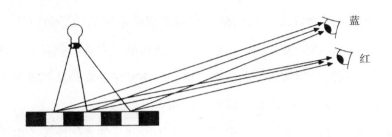

图 11　光栅的分光效果

如果你用黑布盖住镜子的平行条带，你能够见到光以各种奇异的角度反射，这意味着消除了"抵消"的光路径；通过盖住镜子的一半，你却能够得到更多的反射！不同颜色的光从这样一个衍射光栅上以略微不同的角度反射，产生彩虹效应，这个技巧仅对非常窄的镜子和黑布条有用，但是如果你在太阳底下以一个角度拿着一张光盘，也能看到这种效应。

在这个例子中，我仍然只谈到光以直线传播，在镜子上以不同的角度反射。而实际上，这一理论的完整表达则考虑到光线从一个地方到另一个地方每一条可能的路径，包括奇异摇摆的路径。因为计算涉及叠加（积分）所有可能的路径，量子理论的这种方法常被称为"路径积分"（对"历史求和"）。幸运的是，概率叠加的结果似乎总是与直线传播的情况一致。但是，完全的抵消仅发生在偏离"经典"直线的地方。费曼说："光实际上不是以直线传播的，它把附近的路径'嗅到'它的周围，它利用一细芯的临近空间。"[1]

以类似的描述方法，概率叠加解释了光学中的一切，包括透镜工作原理、从空气进入水中时光线的折射，以及光速变慢、双缝实验以及泊松斑，等等。而量子电动力学的成功可以从它准确地描述光子与电子相互作用规律中更好地表现出来。

△ 量子电动力学的胜利

最简单的相互作用是当一个电子从一个地方到另一个地方的运动过程中，辐射或吸收一个光子，由此在第三个地方终止。光子本身可能在另一条路径上被另一个电子辐射或吸收。或者，它可能是一个光子具有条形磁铁所具有的磁矩。早在 1929 年，量子力学的先驱者之一，保罗·狄拉克提出了一个光子与电子相互作用规律的描述方法。这个方法全面考虑了狭义相对论的要求，但对量子理论的要求没有做相当完整的考虑。在这个描述中，狄拉克实际上计算了一个电子与一个光子相互作用的概率，并利用这些概率得到一个数，这个数是一个电子与一个磁场相互作用的度量（所涉及的性质称为电子的磁矩）。狄拉克发现这个数的值是 1（以一定的单位制），但是实验表明数的大小实际上为 1.001 16。

两者差别很小，但却表明这个理论是不完善的。1948 年，工作于哈佛大学的朱利安·施温格发现了一个改进狄拉克计算的方法。很巧的是施温格与费曼于同一年（1918 年）出生于同一座城市（纽约）。施温格意识

---

① 参见费曼：《量子电动力学》，第 54 页。

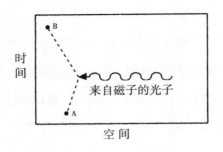

图 12　计算电子磁矩的费曼图

保罗·狄拉克最初的电子磁矩的计算是基于涉及一个光子的一个简单相互作用。

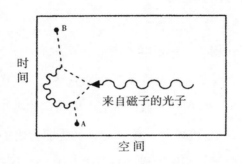

图 13　计算的过程

对电子磁矩更准确的计算，这需要考虑电子辐射一个光子并再吸收它的可能性，计算的进一步改进须在环中增加越来越多的光子。

到一个电子从一个地方到另一个地方的过程中，没有什么能阻止它辐射自己的一个光子，然后再重新吸收这个光子。这使概率计算复杂化，但结果是它使计算得到的电子磁矩略微变大。虽然这还不能与实验测得的值完全一致，但表明这是朝着正确的方向迈进的一步。

　　一旦物理学家们意识到事情是怎么回事，对电子磁矩做更进一步的精确计算就变得很自然，但这涉及大量艰苦的计算。首先，要考虑一个孤立电子与来自磁场的光子的相互作用，实际上必须计算出电子先辐射出两个光子，再吸收掉这两个光子的概率。你必须考虑这种情况下产生的每一种可能，再把它们的概率进行叠加。这样，情况就变得相当复杂，以至于需要两年才能计算出所有的概率，还要把它们叠加起来，其结果是理论与实验之间符合得更好了。

到了 20 世纪 80 年代中期，计算已经扩展到包括三个"额外"光子的效应。每一种复杂化的前提都比前一种有更小的可能性，并对计算做更小的修正（每一种复杂化都比前一种需要更加艰苦的计算）。在这个水平上，电子磁矩的理论计算值是 1.001 159 652 46，仅在最后两位数字上有大约 20 的不确定。在同一年代里，实验物理学家改进了他们对磁矩的测量，测得的结果为 1.001 159 652 21，仅在最后一位数字上有大约 4 的不确定。这些数字的精确度相当于把从洛杉矶到纽约的 3000 多英里（5000 多千米）的路程测到一根头发丝宽度的精度。这两个数字之间理论和实验的符合是对量子电动力学精确度的度量——根据实验验证所做预言的标准，它是迄今为止最准确也是最精确的理论。你或许认为它是荒唐的，或许你并不喜欢它，但是你不能否认它是起作用的——世界确实是按照这种方式运行的。用费曼的话说："自然界中几乎所有大量的明显的变化都归因于这三种基本作用的单调的重复变化：一个光子从一个地方到另一个地方的运动，一个电子从一个地方到另一个地方的运动，以及一个电子与一个光子的相互作用。"[1]

尽管这个理论得到实验验证，但它仍包含一些非常奇怪的特性——甚至比我已经透露的还要奇怪。例如，当两个电子通过交换一个光子相互作用时，这正是描述这个过程的一个正确方法。从日常观点来看，这似乎是

---

[1]　参见费曼：《量子电动力学》，第 110 页。

一个电子辐射一个光子，一小会儿后（或稍长一些时间后）另一个电子吸收这个光子。我们同样可以说是第二个电子在"将来的时候"辐射一个光子，它随时间向后传播，被另一个电子"在过去"吸收。这不是一个很难领会的想法，特别是自从我们了解了对一个光子来说时间是无意义的这个思想以后。这同样适用于电子本身。

如果一个光子具有足够的能量，它就能够把自己转变成一对像电子似的粒子（为达到此目的，光子的能量 E 必须大于两个电子的质量 mc^2 ）。其中一个粒子是普通的电子，另一个也像电子，具有正电荷而不是负电荷的正电子。如前所述，描述这个过程的方程是对称的。当一个电子与一个正电子相遇时，它们逆着这个过程变化，互相湮灭，形成一个能量较大的光子。在一个实验多次观察到的标准情景中，一个从一个地方传播到另一个地方的高能光子能以这种方式转变成一个电子－正电子对。两个粒子沿相反的方向离开，很快正电子遇到另一个电子，迅速湮灭，产生了另一个高能光子。

费曼意识到全部的相互作用可以仅仅根据一个电子的情况来解释。这个电子在它从一个地方到达另一个地方的路径中与一个高能的光子相互作用。这个相互作用发射一个随时间向后传播的电子，直至它与另一个高能的光子相互作用，这使它再"转回来"并随时间向前传播。在每一次相互作用中，似乎涉及三个实体，即一个正电子、一个电子和一个光子。同样，一条光线在镜子上反弹似乎也涉及三个实体，即两条呈适当角度并在镜子上某一点相遇的光线以及镜子本身。正如仅有一条光线在空间上反弹回来，因而也仅有一个电子在时间上反弹回来。光子可以作为电子的"时间反射镜"。

在电子随时间向后传播的时间内，在我们看来这好像是一个正电子随时间向前传播（通过随时间向后发射"减去一个负电荷"就像一个传统的二倍的负电荷，并完全等效于增加随时间向前传播的正电荷）。正如电子磁矩计算进行到如此复杂的水平，你甚至也必须考虑像在与电子有关的"额外"光子中这些情况发生的相互作用。

这几乎是我必须告诉你的关于量子电动力学的全部，你可能认为它已经足够复杂了。我要强调的是这些奇怪的含义并不是凭空想出来吓唬人的可有可无的额外的东西。这些是在物理学中所具有的最佳理论的一个基本特性，一个使 3 个人于 1965 年获得诺贝尔物理学奖（费曼、施温格和日本物理学家朝永振一郎）且是科学皇冠上的明珠的特征。在不摆脱量子电动力学本身的情况下，你无法摆脱像光子甚至随时间向后传播的电子等奇怪的东西。

说到这些，我也要做个交代。量子电动力学也存在着一个问题，它不是一个非常完善的理论。这个问题基本上涉及一个电子从一个地方到另一个地方的过程中它自身会发生什么。一个单独的电子也能辐射和重新吸收光子，这些暂时的光子也能分解成电子－正电子对，然后互相湮灭产生重新吸收的光子。甚至这些暂时的电子和正电子也能进一步辐射光子，假使它们重新吸收光子，然后继续这个过程。根据量子电动力学，在每一个电子周围存在着这种一层叠一层的复杂的相互作用。问题是所有这些可能的相互作用会引起概率无休止地增加，因此原子的电荷或质量等简单性质的计算在我们面前爆裂开来。答案以无穷尽的形式存在，这显然是毫无意义的。

费曼、施温格和朝永振一郎发现了摆脱这种无穷尽的方法。这个技巧称为重整化，实际上它涉及把一个方程的两边用无穷大相除，得到你想要的答案——你在中学里肯定学过这是不允许的事情。这个技巧就像它做的那样有效。因为从实验中我们确实已经知道我们想要的电子性质的答案。物理学家接受了重整化方法，他们别无选择——这样才能够得出正确的答案，没有任何其他的理论能够像重整化方法那样做到这一点。因而这三位研究人员向世人表明他们怎样做重整化而获得了诺贝尔奖。但在辞世的前几年，费曼说："不得不求助于这种阻止我们证明量子电动力学理论是数学上自洽的戏法……重整化是我称之为疯癫的过程。"[①]

量子电动力学现在的形式肯定不是它最终的表述，这里仍然存在着一些工作有待于下一代理论物理学家的努力。然而，任何对量子电动力学的改进必须解释——甚至更精确地解释——量子电动力学现在所解释的一切事情，否则它就算不上是改进。这意味着我们仍离不开路径积分，仍离不开在空间运动中"嗅出"附近路径的粒子，也仍离不开能够（完全与物理定律一致地）描述为随时间向后运动的粒子。这给我带来费曼所做的另一个重要的，但极少被报道的发现，一个可能是揭示量子世界神秘性的关键的发现。

△ **未来的光学**

实际上，这是费曼对物理学所做出的许多显著的且富有创造性的贡献中的第一个贡献。这个工作着手于 1940 年，当时他是在约翰·惠勒指导下的普林斯顿大学的一个学生。那时困扰量子物理的无穷尽已经是一个非常著名的问题（重整化技术 8 年以后才被发现），费曼考虑是否可以通过

---

① 参见费曼：《量子电动力学》，第 128 页。

禁戒电子与其本身的相互作用来摆脱它们，很不幸，这个技术并未奏效。

当电子被加速，即被推动时，它抵抗推动。其抵抗力大于一个未带电的粒子被推动时所产生的抵抗力。在一根导线中，电流中的电子如果被加速将辐射能量（以无线电波的形式），但它们辐射的能量不及在导线中推动它们所需的能量大。这是电流在导线中做稳定流动时的普通导线电阻之上的一种额外形式的阻力（称为辐射阻力，因为它与产生辐射的加速度有关），辐射阻力仅因电子与某种东西相互作用时才出现。由于电子似乎不能与真空相互作用，因此，在20世纪30年代它是根据电子自身的相互作用来解释，这或多或少如我已经概述过的形式。

费曼具有一个聪明的想法。没有人曾真正看到过孤立的电子，因为宇宙中存在着无穷多数量的各种各样的粒子（的确，如果有人在那里真正"见到过"它，电子确实不是孤立的）。他设想宇宙中除了一个电子之外完全是空的，他猜测它是否真的能做电磁辐射。他向惠勒提议在辐射本身能够存在之前，或许你至少需要两个电子，一个做辐射，另一个吸收辐射。在一个只含有两个电子的宇宙中，第一个电子能够来回地振动，因而辐射光子，而第二个电子吸收这些光子，由此引起它振动，产生更多的光子，并传向第一个电子，把它向后推，因而产生了对其原来振动的阻力。

按这简单的形式，这个想法并不起作用。其基本的问题是存在一个时间延迟——在第一个电子"察觉"其振动的任何阻力之前光子必须从第一个电子传向第二个电子，然后再返回。但是，如我们已经看到的那样，当光子交换时，时间方向没有进入讨论中，回到故事的开头，我们知道，对于光子来说，量子电动力学（1949年还没有发明）不区分随时间向前还是随时间向后。这是合乎逻辑的，因为量子电动力学是一个完全考虑了狭义相对论的相对论理论，而相对论表述，对一个光子而言时间是不存在的。如果一个光子做交换，需要零时间，在光子的"时钟"上不论是"＋0"还是"－0"实际都是没有关系的。两个理论（量子电动力学和狭义相对论）的成功证实了自然界本身不能够区分一个光子随时间向前运动（按我们的观点）和一个光子随时间向后运动。自然界"所知道的"是一个光子做了交换。

虽然量子电动力学至1940年还没有被提出，但惠勒和费曼知道就时间而言，麦克斯韦方程本身是完全对称的。当你求解描述电磁波传播规律的方程时，你总是得到两组解，一组对应于电磁波随时间向前传播，另一组对应于随时间向后传播。借助于事后的分析，这再一次说明如果光本身以零时间传播，这是有意义的。但是直至费曼提出电子如何辐射能量的新思想之前，所有的人只是简单地忽略了麦克斯韦方程的第二组解，因为"很显然"你不可能具有随时间向后传播的电磁波。

在本章的剩余部分让我们按照对光的波动描述来讨论问题。从一个电子，或一个无线电天线向外传播的波称为"延迟"波，因为它们是在它们被发射之后到达另外某处。随时间向后传播的波称为"超前"波，因为它们是在它们在某处被发射之前到达另外某处。你可以想象延迟波像波纹从一个无线电天线，朝着所有的方向向外均匀地扩散，这就像在一个池塘里的水波从石头掉入池塘某处向外均匀地扩展一样。而超前波，从我们的观点来看，就像波纹从所有的方向均匀地聚向天线，这好像水波从池塘的边缘开始均匀地聚向池塘中心处。这个类比不成立，因为当超前波到达池塘的中心处时，超前波的总能量无处释放；而来自浩瀚宇宙传向电子的超前波正好提供了我们称为辐射阻力的拖动力，传来的波动是被吸收并使电子向相反方向运动。但超前波怎样知道在哪儿发现电子呢？因为电子本身告诉了它们在哪里去寻找。

按照现在称为"惠勒－费曼吸收理论"的改进说法（指导教师在其与学生的合作工作中有办法把他的名字放在前面），当一个电子振荡时它既向未来发射一个延迟波，也向过去发射一个超前波。在宇宙中（在空间和时间里）一旦这个波遇到另外一个电子（严格地说，一旦它遇到任何带电粒子），它便使另外的电子振荡。这个振荡意味着另外的电子也既向将来也向过去做辐射。结果是由于一单个电子的振荡，使整个宇宙中充满了重叠的相互作用电磁波海。大部分波相互抵消了，这就像在量子力学的反射描述中大部分概率抵消一样。但来自过去和将来的某些波回到原来的电子中，提供了加速电子所表现出的辐射阻力。

1941 年年初，惠勒吩咐费曼为在普林斯顿物理系对这一理论做报告做准备。这将是这位年轻的科学家第一次对这样一些听众做正式报告，普林斯顿就是普林斯顿，那一年就是 1941 年，这些观众，尽管都是"校内"物理学家，但包括阿尔伯特·爱因斯坦、沃尔夫冈·泡利（量子力学的开创者之一，在 1919 年，当他年仅 19 岁且还是一名学生时，就写了一本关于狭义和广义相对论的专著，这被看作典范），以及其他仅与这些非凡的天才相比稍稍逊色的优秀科学家。报告后，泡利温和地反对，他认为这种描述实际上是一种数学上的同义反复命题，并询问爱因斯坦是否同意。爱因斯坦回答道："不，这个理论似乎可能……"[1]

说费曼从来没有后退过是夸张。但是没有哪个学生的第一次研究成果受到如此令人印象深刻的赞同。这就是为什么爱因斯坦会如此受打动的原因。

在学过路径积分之后，你不应当为此感到惊讶，即在计算过程中大部

---

[1] 参见詹姆斯·格雷克所：《天才》，第 115 页。

分复杂的相互作用电磁波网抵消了，仅剩下对原来电子一个相当直接的"反作用"。除了通过这个反作用，还没有一个超前波以任何其他方式可探测到的形式存在，所有我们可以"见到的"是熟悉的延迟波。

这个理论的最美妙之处是就原来的电子而言，反作用是即时的。其中某些来自传向将来的波，并由此产生传向过去并在合适的时间到达原来电子的波；某些来自传向过去，并由此产生传向未来的波。因为根据坐落在电子旁边的一个时钟（或其他任何的钟）随时间向前运行所花的时间与随时间向后运行所花的时间是相同的。因此，在每一种情况下，波所传播的距离是与此没有关系的，电子一旦加速反作用即出现。尽管惠勒－费曼理论不能做费曼起初想要做的事情，即清除量子理论中的无穷，但它能够解释辐射阻力。这是科学中经常的路线，一个问题可能激发出一项研究，但研究可能以解决了一个完全不同的问题而告终（或提出了原来未被怀疑的问题）。

故事中还有一个更曲折的内容，而在半个世纪前，这似乎是这个理论的一个致命的弱点。这个理论仅当从一个电子辐射出去的每一小点电磁能量以这种方式在时间上"反射"时才成立。如果某些辐射逃逸到真空中，并且从来未遇到过另外一个带电粒子，方程将不平衡。我们习惯认为宇宙是无边限的，即"开放的"。在时间上把所有的辐射，向回反射至辐射源相当于在一个没有盖子的盒子中捕获所有的辐射。惠勒－费曼理论仅当宇宙像一个能量不能逃逸的封闭盒子（或黑洞内部）时才能给出正确的结果。你相信吗？在20世纪80年代和90年代天文学家给出了确凿无疑的证据，表明宇宙确实是"封闭"的。其原因与惠勒－费曼理论毫无关系。

今天，不存在吸收理论与宇宙论之间的冲突。某些理论学家甚至提出二者之间的密切联系，即宇宙现在正在膨胀，我们觉察到传向未来的延迟波，而觉察不到聚向所有带电粒子的超前波。惠勒－费曼的思想是对辐射阻力为什么产生，以及光子如何在带电粒子之间进行交换所给出的最好解释，而从中学和大学所教授的物理方法中永远无法知道这些。奇特的是，这意味着在一定的意义上古人是对的——你眼睛辐射光子，并作为与光源辐射的光子进行交换的一部分；但是就像涉及光子的各种奇异的角度从镜子上反弹的路径，由于概率互相抵消了，这些光子没有在日常世界中呈现出来。我们所回到的重要一点是光子从光源到达我们的眼睛（或其他任何地方）的古老概念是不完全的，对光子而言，时间是无意义的，我可以说的全部是光子在光源和我们眼睛（或诸如此类）之间进行了交换。

你认为这奇怪吗？在本章中我所描述的一切不仅是正确的，而且作为一个标准的物理特性是被很好建立起来的。几年以后，狭义相对论将迎来它的 100 周年诞辰，就连量子电动力学也将迎来它的 50 周岁生日。这是一门具有坚实基础的科学，一门根基扎实且理解彻底的（至少，根据怎样做计算）的科学，一门一次又一次被实验验证的科学。然而如果我们真正想寻找到一种量子物理的解释，以便给我们有一种世界究竟是如何运行——现实本身到底是什么——的感觉，我们还必须解释许多更奇怪的事情。一些是刚刚经受了实验验证的老思想，一些是尚须进行实验验证的新想法。所有这些都是很奇怪的，但它们都是正确的。

| **奇异而真实**

作为通常量子世界中最奇异性质的体现，在光的行为中表现尤为突出的是光的偏振现象。乍一看来，偏振似乎是一种波动属性，并且可以用经典的麦克斯韦电磁场理论来解释。你不妨重新回忆那条一端系于树上的绳子，用手捏住绳子的另一端上下拉拽，绳子就会上下波动，于是你就得到了"垂直偏振"的波动；如果左右晃荡绳子，它就会来回起伏不定，这可以理解成"水平偏振"的波动。

但一个由两种相互垂直波动成分（电磁分量和磁场分量）构成的系统的偏振性质就很难按照上述直观实验来理解，特别是当我们考虑单个的光子时，这种用起伏不定的绳子所做的类比就不成立了。事实上，每个光子都随身携带着一个从优取向。如果你的头脑中确实没有更好的图像的话，你可以想象每一个光子上都附有一个指针或一个箭头，对垂直偏振光来说指针的方向是垂直的，而对水平偏振光而言其光子上指针的方向是水平的，甚至也可以指向垂直和水平之间的任何一个方向（相应的光子的偏振方向就位于垂直和水平方位之间）。

为什么从太阳或电灯泡中发出的寻常光没有发生偏振呢？你可以这样想象：对于从光源发出的无数个光子而言，附在其上的指针的方向呈随机分布，而没有从优方向，因此，作为无数个光子集合的寻常光就没有显出偏振特征。但是如果让光通过某种只允许特定方向偏振的光子穿过的材料，这束光就会被偏振。我们可以把上面绳子的比喻稍微搅拌一下（为什么不呢，是大自然本身把各种事物混杂在一起），让你手中摇动的绳子穿过高高的大栅栏的一条缝，如果垂直地摇晃绳子，你仍然能够将垂直起伏的波沿着绳子发送到另一端的大树前，但是你发出的任何水平方向的波动，在它们穿过栅栏的时候都会受到阻挡，因为绳子如果不去打击栅栏就不能水平地来回晃动。

自然界中存在着各种偏振材料，例如广为人知的方解石晶体，你可以把光在高度有序的晶体原子间的传播和绳子通过栅栏的情况相类比。人工合成的偏振材料，如太阳镜，在我们的日常生活中非常普遍。太阳镜之所以能有效地遮挡部分光线，其原理就在于：首先，由于太阳镜只允许一种偏振光通过，因此，就把所有其他偏振的光子全部拦住，这样透过太阳镜的光的强度就降低了；其次，由于被平面镜反射的光趋向于水平偏振，因此，如果太阳镜被设计成只让垂直偏振的光透过（确实如此），那么，它就会切断耀眼的水平反射的光，这就是夜间行车需要戴太阳镜的原因（它会切断对面驶来的车辆上车灯发出的经过路面反射的令人眩晕的光）。

△ 看到不可能的光

如果一副太阳镜片在正常使用的情况下只允许垂直偏振的光通过，那

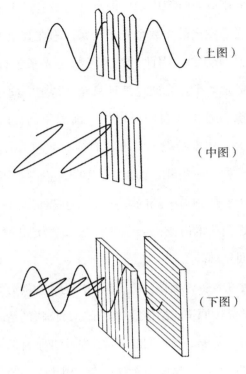

图 14 波的偏振

  如果光是一种波动，就能很容易理解为什么垂直偏振光可以透过一片偏振材料，在这里用木栅栏表示（上图）；显然，水平偏振光将不能透过木栅栏（中图）；并且两片正交放置的偏振材料将阻挡垂直偏振光和水平偏振光（下图）。

么，当你摘下眼镜并把它转动 90°，使得镜片竖立起来，此时镜片就只能让水平偏振的光透过了，事实上这种情况与绳子穿过栅栏时的情况类似，即水平偏振光不能透过垂直偏振片。因此，很显然，如果你有两副太阳镜，戴上一副后再把另一副转动 90°，平行地放置在第一副眼镜的前面，那么透过这两副眼镜，你什么都不会看见，光子又一次表现出与直觉一致的行为。试着做一做并看一看（或者说试着做一做，你就会什么都看不见）。这就是一对正交偏振片的例子。

这种完全按照常理所获得的对光的性质的理解并不会让你高兴太久，在现实生活中，如果你把两个镜片并列地放在同一条轴线上，并且不让光透过，那么试问当你把第三个镜片插在它们中间时会发生何种情况？常理告诉你光同样也不会透过，错了，现在就请你拿起第三个太阳镜片，放置在前两个之间并使其偏振方向与前两个各呈45°角，没有第三个镜片的时候光确实不会透过前两个相互垂直的偏振片，但是当放入第三个镜片后，就会有些许光从整个镜片系统中透过，尽管不如只放置一个镜片时透过的光多（实际上只是其1/4），但是，确证无疑的事实是光不会穿过两个镜片，而能穿过三个镜片，原因何在？

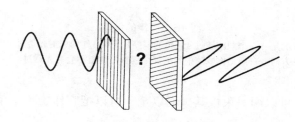

图 15　不可能的传播

奇怪的是，如果第二个偏振片和第一个偏振片的夹角是45°，它就不会挡住垂直偏振光，恰有一半的光透过，但是偏振方向也变为45°角。

首先，你可以从两个偏振夹角为45°而不是垂直放置的镜片入手来看一看，当光射到它们上面的时候会发生什么呢？暂且忘掉太阳镜，设想我们在设置完备的光学实验室，各种精密仪器能使我们准确测量到光的偏振方向和光强。首先让光穿过垂直偏振片，那么，当透过的光再碰到45°角放置的偏振片时会发生何种情况呢？

其次，与前述木栅栏的情况相比较，你也许会期望没有光会透过第二个偏振片，然而事实上有一半垂直偏振会透过，并且透射光的偏振方向变成了 45°，与第二个偏振片的偏振方向一致。因此，当这束强度减弱的光到达第三个水平偏振片后，两者夹角又是 45° 角，又会有一半的光透过，透过后的光变成了水平偏振。这样我们就看到一束垂直偏振光透过两个适当放置的偏振片后，其强度就会减小为原来强度的 1/4，并且偏振变为水平方向。

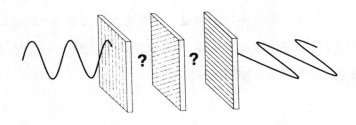

图 16　可能的传播

　　令人依然惊奇的是：三个顺序转过 45° 角的偏振片允许 1/4 的入射光透过，并且透过后的光的偏振变成了水平方向——而当你取掉中间的那个偏振片后就不会有光透过。

　　我们甚至可以用一束极其微弱以至于可以把它作为单个单个的光子看待的光来进行实验。正如双缝实验，在某个时间发射一个光子使其通过装置。在你做此实验时，就会发现，如果有一个如你期望的垂直偏振的光子（也就是说，一个已经穿过垂直偏振片的光子）射到 45° 偏振片上，那么，它穿过该偏振片或被阻挡的概率各为 50%，也就是说，如果 100 个垂直偏振的光子射到该偏振片上，会有 50 个光子透过，另外 50 个光子被阻挡。如果此时测量透过光子的偏振，就会发现它们的偏振都变成了 45° 角，50 个光子继续行走，最后射到第三个水平偏振片上，此时其中的 25 个光子将被阻挡，而另外的 25 个光子则会透过，其偏振也随之变成水平方向。

　　当然，也可以用两个其他偏振夹角的偏振片来做这项实验。如果两个偏振片都垂直放置，那么所有垂直偏振的光子就会通过实验装置；如果两个偏振片正交放置，那么将不会有任何光子通过；如果缓慢地转动偏振片使它们的偏振夹角在 0° 和 90° 之间变化，那么透过整个装置的光子百分数也会在 100% 和 0 之间变化。看起来每个垂直偏振了的光子实际上在每个不同的取向都有一个定义好的偏振概率分布，它水平偏振的机会是零，而呈 45° 角偏振的概率为 0.5，某些偏振取向（例如 30°）的概率小于 0.5，而某些偏振取向（例如 60°）的概率则大于 0.5。光子实际处在某个不能够决定的态，即"叠加态"中，除非对它的偏振做出测量。当光子射到偏振片上时，它就会自行"决定"该采取何种偏振，并且遵循严格的概率规则透过偏振片或被其阻挡。正如泡利·大卫对它所做的如下描述：

> 应当强调，量子力学的不确定性并不是简单意味着我们不知道光子的实际偏振方向，不确定性的真正含义是：具有确定偏振的光的概念是不存在的，不确定性牢牢蕴含在作为实体存在的光子的本质中，而不是因为我们对它了解得太少而导致的不确定性。①

与通常的太阳镜相比，方解石晶体有一个重要的特点：一束光照射到晶面时，并不是简单地变成了另一束偏振光，而是被晶体劈裂为两束偏振方向互相垂直的光，并沿着不同的方向从晶体的另一侧射出，其中垂直偏振光束遵循一条路径穿过晶体，而水平偏振光束则沿着另一条路径射出。如果入射光的偏振取向位于垂直和水平中间（这意味着入射光能够完全透过一个 45° 角偏振片），则入射光就会被晶体劈裂为两束强度相同的光，

---

① 参见大卫：《另类世界》。

两束出射光的偏振方向分别为垂直和水平方向，并且平行地传播。

当然，在单个光子射入晶体时，它不得不做出沿哪条路径行走的决定，并立即付诸实施，相应的其偏振也将变成垂直或水平，这一点已被实验所证实。

如果你正用一束光进行该实验，你可以把另一片方解石晶体放置在两束劈裂光行进的光路中，使得两束光在晶体中重新汇合为一束，并且偏振取向变成45°——根据它们的晶体结构和其光效应，我们称这两片晶体具有相反功能。

但是，当单个光子穿行于晶体的时候会发生何种情况呢？很显然，在它到达第一片晶体时，它仍然不得不决定是沿垂直偏振的路径走，还是沿水平偏振的路径走。

这种观点通过对实验的精确设定得以加强，假设我们通过在两片晶体之间放入一片黑色滤材来阻挡经由一条路径穿出的光线，而让另一条光线畅行无阻。为确定起见，不妨假设从第一片晶体中射出的水平偏振光被阻挡，这在目前的实验中已经做到了。现在只剩下一半的光穿过，出现在第二片晶体的另一侧，它们都已变成了垂直偏振取向。同样，如果我们关掉垂直偏振光线的通道，而只让水平偏振光通过第二片晶体，其结果也不难分析。遵循常理的判断又一次取得了胜利。

如果我们移走挡板，并让光子一个个通过实验装置，结果会怎样呢？常理告诉我们它们都将穿过晶体，并且取水平偏振和垂直偏振的概率相同，一旦光子做出决定选择何种偏振，则很难期望它在透过第二片晶体时其偏振方向重新变回到45°角，不是吗？错了，它会的，当光线变得如此之弱以至于只有一个个的光子穿行在实验装置中时，光束会表现得如同每个光子劈裂成两个一样，即光子在整个装置中将同时穿行在两条路径中，当通过装置后又合二为一恢复到原来的偏振状态。每一个射到第一片晶体上的光子都会以这种方式穿过晶体，并在装置的另一侧恢复原貌。光子的概率波正在晶体的一侧寻索通向另一侧的每一条可能路径，在其做出决定该如何表现的时候就已经把整个实验装置都考虑进去了，如同它们在平面镜上做出该如何反射回来的决定前，就把镜面的每一个角落都探察了一样。看起来穿行在每条路径中的光子都已经注意到了另一条通道的开关状态，并相应矫正它们的行为。所有的这些讨论作为标准量子理论的一部分，在几十年前就广为人知了。但是，实验物理学家在20世纪90年代进行了更为精致的实验，证实了单个光子确实同时体现出波动性质和粒子行为。

△ 深入探索光子行为

量子力学的标准诠释，即哥本哈根解释的要点主要体现在尼尔斯·玻尔提出的互补性思想。互补性思想认为：任何一个量子实体，如光子，都具有二重性质，即波粒二象性，任何实验都不能同时揭示出它既作为波又作为粒子的行为。玻尔说："你可以设计实验来测出光的波动性质，当你这样做时，你确实会测出它的波动属性；或者你也可以设计实验来测出光的粒子行为，而当你这样做的时候，你会无误地得到粒子。但是你永远也不会看到同时扮演着波和粒子角色的光子。"

然而，玻尔错了。1992年，日本的研究人员采用印度科学家提出的方案进行了测量实验，在此实验中，他们同时测出了单个光子的波动属性和粒子属性。

目前还不清楚这个实验会对现今量子世界的理解带来多大的冲击，但是毫无疑问的是，这对哥本哈根学派来说是一个坏消息。我认为这并不可怕，在我看来，哥本哈根学派对量子实体本质的阐释远非理想。然而，作为量子世界神秘难测的一个例子，这个实验确实值得我们稍加细考。

在探索光子的整个历程中，最奇特的事情莫过于物理学家在证实光子的波动性之前，不得不首先找到光子。直到 20 世纪 80 年代他们才真正找到光子。如我前面所述，阿尔伯特·爱因斯坦为了解释光电效应于 1905 年引入了现在称为光子的思想，并为此获得诺贝尔奖，但是从 20 世纪 50 年代开始，以戴维·玻姆的研究为发轫（关于玻姆，我们以后还会更多地提到他），一些物理学家意识到不引入光子的概念而仅仅把光作为变化的电磁场来看待，这同样也可以解释光电效应。电磁场射到金属的表面并与表面的原子发生相互作用，这些原子只能吸收确定数量的能量，这样就可以解释光电效应了。普朗克本人听到这一消息后非常高兴，并措辞严厉地说爱因斯坦不应该获得诺贝尔奖（至少不应因为他的光电效应理论而获奖）。然而时至今日，这一切都云消雾散了，而且足可以作为科学史的一件奇特的珍闻，因为正是部分地在这些思想的驱动下，实验物理学家才确凿无疑地证实了光子的存在。

制备单个光子绝不是我们所想象的那样，只是简单地利用调光器减弱光线，直到它能在一段时间内只发射一个光子，这部分是因为光的辐射是由大量不同状态的原子造成的，而每个原子在涉及发射光子时对其能量究竟改变多少（跃迁）都有一些选择。光的能量必须有一个来源，它源于原子内部的电子在从高能级向低能级跳跃的过程中所损失的能量。在大多数情况下，这种在一定能量范围内发生的大量跃迁过程就发出了光，这就带来了对跃迁概率的平均，类似于费曼路径积分中的大量路径的平均。这种平均就意味着一束极其微弱的光脉冲携带的能量可能要比一个光量子能量还要小，因为它代表了对许多量子态的平均（类似于死–活猫态的叠加），而绝大部分态是空态，并没有任何光子！这些奇妙的低能光脉冲表现出波的行为，并且通过适当的实验装置能够发生干涉现象。

为了产生一个真正意义上的光子，就必须只能触发一个原子在两个确定的能级之间发生一次跃迁，并随之发射一份能量脉冲，这样才不会出现叠加态，使得光子处于一个单纯量子态。科学家利用钙原子与激光的相互作用，制备出激发态钙原子，从而实现了制备单光子的条件。如果你把原子内的电子能级想象成一阶阶的楼梯，每个电子正端坐在每个台阶上；你同样也可以想象把其中的一个电子向上移动两个台阶后会发生什么情况，这个可怜的电子会瑟瑟发抖地在那儿待上一会儿，然后嘭的一声跃下，首先它会跃到下一个阶梯（能级），然后（经过 4.7×10^{-9} 秒的短暂停留）会再次下跌，回到最初的位置，每一次下跌都会以光子的形式释放一份能量。

为了俘获第二次下跌发射的光子，科学家设置一个探测器来监视激发态钙原子，该探测器对第二次跃迁发射的光子做出响应，并且在一段时间内打开一个"门"让光子通过，"门"被打开的时间与原子待在中间激发态的时间一致，这样才能保证第二次跃迁时发射的光子有足够的时间穿过"门"进入探测器中。

法国物理学家阿兰·阿斯佩和菲利浦·格朗吉尔（Philippe Grangier）率先于 20 世纪 80 年代完成了这类实验。他们利用此方法俘获了光子，并把它们发送到一种称为半透镜的镜子上，半透镜的作用在于只允许半数光子透过，而另外半数则沿着与入射方向垂直的角度反射。这和利用方解石把一束光劈裂成两束光的方法有些类似，但是这里透射和反射光都没有被半透镜所偏振。很容易看到，一束波是如何被半透镜分成两束的，如果一束由寻常光源发出的光首先被半透镜劈裂为两束，再重新汇合起来，就会发生干涉效应，这样就验证了光的波动性质（甚至一束强度极其微弱以致其能量不是一个光量子能量的光，也可以通过这种方法表现出波动性质，早已有实验证实了这一点）。但是，如果一个粒子射到半透镜上，它要么透射过去，要么沿直角反射出去，而不会二者情况兼有。

在透射和反射光路中各放置一个探测器，并且实验采用由激发态钙原子产生的单光子。研究者发现情况确实如上面所述，单光子永远遵循其中的一条路径，从来没有两个探测器同时响应的情况发生，这就意味着每条光路中都有一半的光。

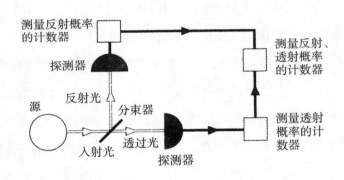

图 17　单个光子关联实验

一个单光子能分成两半吗？如果光确实以粒子的形式存在，那么每个射到半透镜上的光子要么被反射，要么被折射。根据量子理论，探测器能够完整地记录下反关联信息。

然而故事并没有结束，正如玻尔预料的，当阿斯佩和格朗吉尔寻找光子的粒子性质时，他们确实发现了粒子。那么，他们寻找光子的波动性质时会发生什么事情呢？尽管他们"知道"钙原子正在发射一个个的光子。

为了做到这一点，他们把探测器从光路上取下，而代之以两个反射镜，使得被劈裂的两束光重新汇合到一起，实验装置就变得与双缝实验非常类似。此时他们看到：越来越多的光子穿过实验装置，并最终出现了特征干涉图样，这正是波的体现。

这样，巴黎的研究小组利用同样的光源，确认了光子的粒子或波动性质，看起来与玻尔的相容互补性思想符合得非常完美。但是结果刚刚发表，印度的三位科学家又提出了能同时展示光子的波动属性和粒子属性的实验构想。在他们的实验构想中，最关键的一步是用两个三棱镜构成一个半透镜来取代阿斯佩实验中的半透镜片。

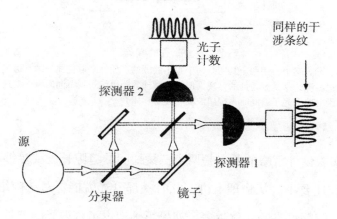

图 18　单光子干涉

当光子进入第二个分束器时（相对进入），形成完全相同的干涉条纹，说明"单个光子"也表现为波行为。

三棱镜是一种简单的光学仪器，其柱顶是两个等腰直角三角形，侧面由两个直侧面和一个斜面组成。当光垂直射入直侧面时，柱体内的光线和斜侧面的夹角是45°，因此，光就会沿着与入射方向垂直的方向发生全反射。如果把两个三棱柱的斜侧面紧紧地靠在一起，中间不留一丝缝隙，它们就构成了一个正方体，垂直入射的光会垂直射出而不会发生任何反射，如果两个斜侧面之间有一个很小的间隙，那么，入射光就会部分被反射，而部分会"隧穿"通过间隙，并沿直线穿过另一个三棱柱。

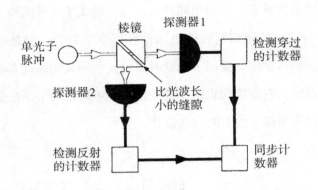

图 19　改进的实验

　　在改进的实验方案中，用两个其间有一个很小缝隙的三棱柱来取代原来的半透镜。光只能通过隧穿才能越过缝隙，这是波动性的体现，但是同时计数器也记录到不同的事件，这又证实了光子的粒子性，因此单个光子就同时表现出波动和粒子性质。

　　这个实验设计策略的要点是两个三棱柱间的缝隙长度要足够小，比入射光的波长还要小。从物理上讲，此时一部分光就能穿过缝隙继续直行，缝隙越小，隧穿过去的光就越多，如果精确地设定入射光的波长和缝隙大小，那么，就会有一半的光被斜侧面反射，而另一半就会透射过去。请记住，只有波动才能以这种方式隧穿，而粒子却不会发生隧穿，这正是该实验的要点。

　　来自滨松光子株式会社的两位日本物理学家，Yutaka Mizbouchi 和 Yoshiyuki Ohtake 已经利用纯粹的单光子做了上述改进后的实验。他们的实验装置非常精致并富有创意，缝隙被控制在几十个纳米以内，大约是入射光波长的十分之一。两个探测器仍旧放置在反射和透射光路中,单个的光子不能劈裂为两半,因此,每个入射光子的反射和透射概率各为50%,如果两个探测器在不同的时刻(称为反同时)做出响应,就说明光以粒子的形式出现在实验中。

实验中,任何直线行走的光子要想保证入射方向和出射方向在同一条直线上就必须通过隧穿,换句话说,光子必须表现出波动性质才能发生隧穿。在此实验中,研究者们确实发现每条通道中都有半数的光子,这说明光在缝隙处确实表现出波的性质,发生隧穿。研究者同时还发现,两个探测器极好地遵循了不同时刻做出响应的原则,证实了每个光子在缝隙处没有劈裂为两半,从而表现出粒子特性。这样实验就同时观察到光子既作为粒子又作为波动的特征,与玻尔的互补性思想相矛盾。"尽管远离牛顿时代已300多年,"霍姆说,"我们不得不承认仍旧无法回答'光是什么'这一古老的问题。"他还愉悦地提到爱因斯坦在1951年写给老朋友米开朗琪罗·贝索(Michelangelo Besso)的一封信:"光的本性之思考已在我心中萦绕了50年,然而并没有使我接近答案半步,现在,似乎每个人都认为他能回答光是什么,然而他们错了。"来自新西兰的物理学家也构想了一个能同时表现出单光子的波动性质和粒子属性的实验。

△ **兼顾双方**

当然,光子实际上不会同时出现在两地,作为量子非局域性的一个例子,它只是看起来身处两地而已,这种超距作用始终折磨着爱因斯坦。

新西兰物理学家提出的实验构想中使用了三个而不是一个半透镜,首先入射光被一个半透镜劈裂为两束，劈裂后的两束光再分别折射到另外两个半透镜中，再一次劈裂后就变成了四束光。这样对于每个光子而言，就有四条可能的路径被选择。在每条光路中放置一个灵敏探测器来记录射入的光子。

如果入射光是一束电磁波，则不难预料和理解所发生的一切：波将被第一个半透镜分成强度减半的两束，而每束波又将被第二个半透镜劈裂成强度减半的两束，最终，实验中会出现四束强度各为入射光强的四分之一的光，它们相位匹配地运动着。

目前为止，一切正常。但是请记住，实验并没有开始，我们所做的一切只是建立了一个光束参照系统，它们通过与单光子发生干涉效应来监视光子。这个实验装置的设计是新西兰奥克兰大学的丹尼尔·沃勒斯（Daniel Wallis）及其同事提出的，他们建议把单光子以垂直于参考光束的角度射入第一个半透镜，光子会以相同的概率被反射或透射到另外的两个半透镜上。

现在事情变得意味深长起来，如果实验中没有光子的射入，你也许会认为设置在另一侧的四个探测器将不会记录任何光子，但是你错了。正如一个电子能够发射一个光子又能快速地吸收回去，真空也能自发产生一个光子然后又被其快速吞没，这是量子不确定性的一个体现。光子出现在某一空间体积内的概率为零意味着绝对确定性，与量子定律相悖，因此，任何空间体积内的光子出现概率都不为零。一切事物看来都受量子定律的约束，实际上这些量子真空涨落正是量子世界的一个典型体现。

因此，即使没有光子射入实验装置，探测器也会偶尔做出响应，甚至更为偶然的事件也会发生：其中的两个探测器会同时响应，这是因为每个探测器都记录了一个"虚"光子。如果一个实光子被引入进实验装置，它只能沿着整个迷宫的一条路径运动并到达探测器，探测器相应地做出响应。因此，当一个一个的光子进入实验装置后，探测器的响应次数也会相应增加，偶尔也有两个探测器同时响应的时候，这是真空涨落对另一探测器的影响所造成的。

事情并没有如此简单，量子理论认为，实光子态和真空涨落产生的虚光子态纠缠在一起，直接的物理效果就是干涉。正如双缝实验所演示的那样，干涉意味着两个成分有时相长叠加，有时相消叠加。在新西兰科学家提出的上述实验设想中，两个探测器同时探测到光子的重复事件应该起伏不定，取决于入射光子的状态。他们期望利用这个具有四探测器的装置，通过引入入射光子来测量实光子和虚光子的干涉效应。

这表明在经典波和经典粒子的图像失效的地方量子效应承担起责任。他们注意到，射入其中一个探测器的光子同时改变了另一个来自真空涨落的虚光子出现在第二个探测器前的概率，这个事实容易给人以错觉，那就是当两个探测器同时做出响应的时候会让人错以为单个实光子同时到达了两个地方。实际的情况是：当最初的光子在一个地方被探测时，这一事件会影响其他地方正在发生的事情。

可以想象，一方面，实际的实验会带来富有趣味的结果，任何与量子理论的预测不同的结果将是令人惊奇的；另一方面，如果实验结果确如所料，沃勒斯认为，它将为量子真空涨落的存在性提供佐证。尽管真空不空的话题并不新鲜，但还是值得我们拉近焦距，仔细端详。

△ 无中生有

不仅仅光子可以从真空涨落中产生，量子定律折中了能量不确定度和时间不确定度，只须等待相对来说足够长的时间（仅仅是"相对"，这里处理的是 1 秒内的情况）真空就可以获得一份能量，用来产生一个质量很小的粒子（例如光子，尽管其静止质量为零，但它有确定的能量）。如果想要产生更重一些的粒子，真空只须等待更短的时间（因此，从真空涨落诞生的电子－正电子对瞬间湮灭，并把能量交还给真空）。量子真空的真实图像是一个蒸腾着各种忽生忽灭的粒子的大旋涡。

一些天体物理学家给出了最极端的例子，他们认为，整个宇宙也许就是一个量子涨落。初看起来，这并不容易理解，因为宇宙迄今已有 150 亿年的演化史，大量的物质粒子涵盖于其中，在保证质量能量为正的前提下，负引力场能量的假设就会导致宇宙的真空涨落。量子引力理论告诉我们，如果对应着宇宙质量的一个极小的能量泡突然出现在量子尺度内，它的质量能量与引力能量可以完全达到平衡。这就是说，整个量子宇宙的能量为零，因此其寿命很长，宇宙诞生的最后一个过程就是膨胀，这个过程在远比 1 秒钟要短的时间内，把只有亚原子般大小的宇宙变得像篮球一样大，经过最初膨胀阶段的宇宙在以后漫长的岁月里继续演化、扩张，就像我们现在看到的这个样子。

我们暂且不去考虑宇宙的真空涨落，这里我想告诉你一个有关探测真空涨落现象的实验，利用了铯原子与真空涨落相互作用这一事实。

对真空的正确描述不是"空空如也"，而是应把它看成一个由诸多电磁场态组成的叠加态（你也可以把其他场添加进去，但是为简单起见，让我们只考虑电磁场）。这些电磁场态可以看作是一根拨动着的吉他琴弦发出的各种音符，并且（和一个原子内的不同电子能级类似）它们构成了能量阶梯，而每级台阶的高度就对应着单光子能量。当一个原子发射一个光子的时候，同时发生的另一件事就是真空场也相应获得一份对应频率的能量来与原子中电子损失的能量相匹配，这样真空场就会在能量阶梯上向上移动一级，从而产生了一个瞬态虚光子，接着真空场又重新跃回原来的状态，虚光子随之消失。这就是原子与真空场相互作用的图像——类似于一根轻微颤动的吉他弦兀自发出的随机音符。

但是，真空场在金属导体表面处的涨落必须修正，这是由于在导体的表面处，真空场的电场分量为零，这样真空场在靠近金属表面的地方损失了一些能量。因此，对于一个在导体表面附近运动的原子来说，其两侧的真空场能量是不同的，此能量使得原子与导体表面存在一个吸引力，它将把原子拉向导体。

这个真空涨落效应的思想应回溯到 19 世纪 40 年代，但是直到 1993 年才由耶鲁大学的艾德·海因兹（Ed Hinds）及其同事测出。另一个有关的问题是著名的卡西米尔效应：当把两块金属板靠得足够近时，由于板间真空场的修正产生的吸引力会将它们拉在一起。尽管卡西米尔效应已多次被研究者用各种导体板测出，但是来自耶鲁大学的实验更为精致和灵敏。

在这个实验中，研究者用两块很小的表面镀金的玻璃板作为实验中的导体板，它们被楔成一个 V 字形，V 字形的最上端的宽度仍为几百万分之一米，铯原子被引入 V 形槽的不同高度处，每一个高度所对应的板间距离都可用单色光干涉条纹法准确地测出来，误差不超过几十亿分之一米。因此，研究者可以准确测出原子与板间距离，并由此计算出用在原子上的真空力，当原子出现在 V 形槽的另一侧时，可通过使原子反弹回去的激光监控，实验结果完全与量子理论一致，而并不满足利用经典理论给出的结果。量子真空涨落效应就是通过这个实验呈现出来的。

耶鲁的研究者把出自实验员的简单思想与实验中高度精致的设计紧紧地结合在一起，这让我由衷欣赏。从真空涨落思想的诞生到实验佐证前后经历了 40 多年，如此漫长的等待是值得的。近年来，各种理论思想源源不断地涌现出来，或许需要更长的时间才能验证它们，然而一旦取得实验上的突破，那种人类共存的喜悦将是最为激动人心的。例如，你相信远距传物吗？嗯，我想是的，正如电影《星际旅行》中的那句"赶紧发送我，斯科特"。量子理论认为远距传物是可能的。

△ "赶紧发送我，斯科特"

还记得由阿兰·阿斯佩及其同事付诸实现的 EPR 假想实验吗？阿斯佩小组利用两个偏振方向相反的单光子（尽管没有人知道偏振是什么）证实了下列事实：当把这两个光子沿着相反的方向发射出去的时候，它们将始终处于纠缠态。如果观察者对其中一个光子的偏振做了测量，另外一个马上坍缩到相反的偏振态，这种纠缠和超距作用正是纽约约克郡高地 IBM 研究中心的查尔斯·贝内特（Charles Bennett）提出的量子远距传物技术的核心，贝内特于 1993 年首先在久负盛名的《物理评论快报》上阐述了这一有些像天方夜谭的问题。IBM 小组的主要贡献就是利用量子理论证明了这点，是一个出人意料的结果。

在遵循经典规则的日常生活中，复制一件东西并把它发送到各个地方是很普通的一件事，与远距传物最明显的类比是传真机，后者优于前者的一个方面是不会对原始文件产生任何破坏。如果单就信息量而言，编辑出版的报纸或书籍成千上万，每本都包含完全相同的内容。然而在量子层次上的复制并非如此简单。

　　首先是一个细节性问题，测不准原理使得观察者不可能对每个原子的细节都了如指掌，例如一张纸，或每一页印刷品上的油墨的每个分子的具体位置，因此，通过传真机发送的复制件只能作为原件的近似。另外，在量子层次上对客体进行观察就会相应改变它的量子状态——根据量子理论，测量即意味着量子态的改变，因此，即使你真的获得一切用以克隆原来量子系统的信息，该系统也已被测量破坏。

　　经典信息可以被复制，但其传送速度不能大于光速。量子信息是不能被拷贝的，物理学家这样嘲弄道："有谁会相信单量子态可以被克隆呢？"但是有时候，正如 EPR 实验所显示的那样，量子信息似乎瞬时在两地之间传送，贝内特及其同事同时考虑了系统的量子和经典性质，提出了远距传送装置的构想。

　　他们这样描述其构想：假设艾丽丝和鲍勃想远距传送一件物品，对于发送人来讲需要传送的物品只是一个单粒子——比如，处于某个量子态的电子。实验开始了，两个人各拎着一个里面装有 EPR 光子的盒子上路了，这两个光子未被测量，构成纠缠态。许多年以后，艾丽丝想给鲍勃发送另一个粒子，她不得不做的事情就是让这个"新"粒子和盒子中处于纠缠态的粒子发生相互作用，并且测出相互作用后的结果，结果是改变了纠缠态粒子原来的状态并且建立了新的状态，同时也立即改变了鲍勃盒子中粒子的纠缠态并建立起新态。

　　然而鲍勃此时并不知道艾丽丝干了些什么，于是艾丽丝不得不通过电话，或通过鲍勃常看的报纸向他发送一条消息，告诉他测量结果。由于这条消息只包含经典信息，因此，艾丽丝可以随心所欲地通过各种通信方式与鲍勃联系，最终鲍勃获悉了艾丽丝的测量结果。他现在可以观测自己盒子里的纠缠态粒子了，其目的就是想了解艾丽丝盒子中新粒子与纠缠态粒子的相互作用信息，再利用艾丽丝提供的信息把原来鲍勃盒子中的纠缠态粒子的影响从现在的测量中扣除掉，所得的就是发送粒子的完全信息了。而且由于艾丽丝在测量时完全破坏了发送粒子的最初状态，因此，实际上鲍勃所获得的发送粒子的信息是独一无二的，并且他完全有权利认为，这种通过经典消息和超距作用传送给他的粒子信息具有其本来面目。

贝内特强调：这并没有违背任何物理定律，并且远距传物的速度要小于光速，这是因为，鲍勃为解开纠缠他的粒子，首先，必须等待艾丽丝通过公共通信方式给他发来经典消息，如果过早地观察他的粒子，就会带来量子态的改变，从而失去了以正确方式解开纠缠粒子的机会。艾丽丝的测量迫使另外的一个 EPR 粒子状态改变，从测量中获得的经典消息使得其他人对过去所发生的事情生成一幅巨细无遗的复制本，但是"这一切并不能同时发生"。[①] 极富智慧的实验物理学家很有可能在未来的 40 年内以这种远距传物的方式把电子从实验室的一个角落发送到另一个角落，甚至从世界一角发送到另一角。也许它将是一个极其精致的实验技巧，甚至没有任何实际的价值，也许会有其他关于量子世界的探索具有潜在的应用于社会的价值。贝内特的无止境想象力并不局限于远距传物，他的另一个出自IBM 本身研究兴趣的成就是，提出了利用量子力学来产生不会泄露的密码的思想。

---

① 摘自《科学新闻》（*Science news*），1993 年 3 月 10 日。

△ 量子密码术

毋庸置疑，量子编码与远距传物之间有着非常紧密的联系，被远距传送的粒子中蕴含着信息，从原理上来说，也可以认为是消息。一个随身携带纠缠态的间谍能够利用它把另一个粒子传送给他的上司，这个间谍所要做的一切就是简单地向他的上级部门报告关于相互作用的新粒子（"消息"）和纠缠态粒子的测量结果。任何人都可以在中途截获这份报告，但是如果缺少纠缠态粒子，它将毫无用处。

事实上，关于利用量子通道来传递消息的探索早在远距传物的研究发轫之初已经开展起来，在 20 世纪 80 年代就广为人知，曾经出现过各种各样的方案，但是它们都依赖于随机数编码系统。

这种编码方法在谍报故事中经常出现，两个通过密码联系的人都随身携带着一本电话簿大小的随机数表，负责发送消息的人首先把消息转化为数字符（也许就是简单地用 1 代表 A，用 2 代表 B 等），然后打开密码本，选择一页随机数表，把代表消息的每个数字编写在相应的随机表中的每个随机数的下面。两者相加，就变成了经过编码的消息，发送人把它连同使用的随机数表的页号一同传递到另一个人，这个人再把这组新的随机数和密码本中相同页码的那页随机数表中的随机数相减，就恢复了原来的信息。这种编码方法称为弗拉姆密码，是以在第一次世界大战中发明该方法的美国密码专家吉尔伯特·弗拉姆的名字命名的。有时候也称这种编码为"一次性密码本"方法，为安全起见每一页随机数表只使用一次，就被撕下来，如果一页随机数表不断被用来编码，很容易让第三方识破密码。

这种密码即便被截获，一般情况下也不会被破译，除非截获人手里也有一份相同的密码本。其隐患在于，当谍报部门漫不经心处理编码的时候，有可能让第三方对密码本的情况有所了解，更糟的是，第三方已经获得一本完全相同的密码本，在不知不觉中就把密码破译了。

量子物理提供了消除隐患的方法，首先经过编码的消息没有必要是保密的，正如艾丽丝向鲍勃发送的经典消息一样，如果不了解来自一个量子通道的信息，这些消息毫无用处。企图破译者必须清楚这些量子密码——这是一串随机数，是如何在艾丽丝和鲍勃之间传送的，而这是不可能泄露的。为了使问题尽可能简化，这些数字可以用二进制数码来表示，即由 0 和 1 构成。因此，密码可以由一系列的开 / 关信号构成。

贝内特及其同事已经证明偏振光可以胜任这种量子编码，其技术简述如下：艾丽丝向鲍勃发送一束与两个确定的取向相比其光子的偏振随机分布在垂直和 45° 角两个方位的光，随后鲍勃对这束入射光子的偏振做测量，每一次测量过程中，鲍勃随机地将探测器设置在两个确定取向上，无论偏振沿哪个取向设置，鲍勃总会得到光子偏振垂直（表示二进制 1）或水平（二进制 0）的测量结果。然后，他就把每一次测量过程中探测器的取向的消息告诉艾丽丝，然后艾丽丝再告诉鲍勃有哪些取向与光子发射时的偏振方向是一致的（他们可以通过公用电话交流这些消息），最后他们剔除掉那些设置不对的测量，由此就得到了一串二进制数码，也就是他们的安全密码。听起来这是个烦琐的过程，但是在现实生活中，任何人都可以通过计算机控制来轻松地实现上述编码过程。

这项技术的巨大魅力就在于：截获密码的唯一方法就是"窃听"这个量子通信通道并在光子穿过的时候予以测量，然而我们已经知道，测量光子意味着改变其偏振方向！当这些经过测量的光子发送给鲍勃的时候，它们仍然是随机分布的。鲍勃和艾丽丝能够利用标准技术检测出这一影响。

这一切听起来令人难以置信，但贝内特及其同事确实建立了一台利用上述方式工作的装置。必须承认，在该装置的原型中，编码信息只是发送到 30 厘米远的地方，这仅是因为他们的装置建立在实验桌上的缘故，从原理上来讲，偏振后的光可以通过光纤不受干扰地传到千里之外。别忘了约翰·洛吉·贝尔德（John Logie Baird）建立的第一台电视信号发射器仅能将信号传到几千米外的地方。

量子编码者已经开始了旨在以更好的方法传送密码的工作。牛津大学的亚瑟·艾柯特（Artur Ekert）（曾经与贝内特亲密共事过）已经展示了如何从改进的 EPR 实验中获得所需随机数串的方法：两束未被测量的纠缠态 EPR 光子沿着相反的方向分别射向艾丽丝和鲍勃，事先确定好一系列偏振取向，并且两人都有一套沿确定好的偏振取向呈随机分布的探测器。最后，每个人都可以利用这些探测器测出入射光子的偏振，并通过公用电话告知对方做了哪些测量，但不说出测量结果，最终他们剔除掉那些没有给出同一取向的测量。这样艾丽丝和鲍勃就从测量结果中建立起他们的安全密码了，他们的偏振探测器取同一个取向——由于每对 EPR 光子的偏振相反，因此鲍勃总是获得二进制 1，而艾丽丝总是获得二进制 0，反过来也对。任何通过截获光子并测量其偏振以窃听这种量子通信的企图都会对光子的偏振形成扰动，从而被人发觉。

从这些例子可以看出，光子本身所固有的量子属性，正在实用化——尽管还没有出现商业化的量子编码器或远距传物装置，但已经出现了桌面大小的产品原型。因此，光子的实际存在性和波粒二象性已是不容置疑的了。然而，与这些实验物理学家雄心勃勃想要让这些奇异的量子性质渗透到日常生活或工程中一样，另外一些实验则把探针深入光子的"内部"，试图对其粒子性的简单图像做出质疑。现在看来，由于量子的不确定性，光子的内部同样也可以想象成沸腾着大量粒子的大旋涡，一个光子的能量毕竟要比真空能量大，如果真空完全充满了大量虚粒子，为何光子就不会有虚粒子呢？

△ 深入光子内部

我先前描述光子的方式是仅仅把它们作为一个个实体，这些实体只有通过电磁力效应才能与其他粒子发生相互作用。既然光子是从电磁场理论中"诞生"的，那么，它为何不能从其他理论中"诞生"呢？除了引力（对亚原子粒子来说属于弱力）和电磁力，还有两种力在亚原子层次上发挥作用，与核辐射、核衰变有关的弱核力，把质子和中子拉在一起构成原子核的强核力。实际上，质子和中子本身是由被称为夸克的更基本的粒子组成的，夸克之间存在着强相互作用力。这些微观物质的分布层次看起来非常整齐，赏心悦目。然而在一些涉及高能光子和质子相互作用的实验中，有迹象表明光子不仅与质子的电荷发生相互作用，还受到强相互作用，也就是与质子中的夸克的相互作用。

这些激动人心的现象昭示出光子的另一层含义的迹象，促发德国汉堡德赛实验室（Desy Laboratory）的物理学家于 20 世纪 90 年代早期进行了一系列探索光子本性的高能物理实验，实验结果显示：光子犹如一个由夸克、电子和其他粒子构成的乱糟糟的复合体。完全可以照搬真空的量子理论用以解释这种现象；由于光子能量的不确定性使得它可以在极短的时间内变成夸克－反夸克对（或者其他什么的）。这和真空的零点涨落会产生并消灭电子－正电子的原理是一致的，如果光子以夸克－反夸克的形式去撞击质子，那么光子"内"的夸克就会与质子内的夸克发生强相互作用，这种强相互作用效应能够通过标准技术测量出来。

这些新发现的意义仍处于探索阶段，必定会吸引实验物理学家在未来的几年为之艰苦地忙碌。然而新发现的本质特点是清楚的，既然我们已历尽艰难地把光和波粒二象性联系起来，那就不得不据此认为：它本身也能转化成物质，然后在大约 10^{-43} 秒内又转化成光。

尽管这种行为匪夷所思，但它确实在光和物质、波和粒子之间建立起令人称道的对称性。我们已在双缝实验中看到，原子会"同时沿两条路径"穿过两个狭缝，并且表现出如光波那样的干涉特征。因此，我们当然可以拓宽思路，允许光"波"不仅表现出某种特殊粒子（光子）的行为，也可以在一定条件下体现出如同复合原子的粒子特性。

物质粒子（包括原子）究竟表现出何种行为呢？我们已经认识到，从某种意义上来讲，如果不对它们的位置或其他性质作任何测量——即没有谁在注视它们，那么，这些物质粒子对我们来讲就是不存在的。量子客体以叠加态的形式存在，来自外界的某种东西会导致这个概率波函数坍塌。如果我们在整个时间演化历程中一直注视这个粒子，那么，会发生何种情况呢？这纯粹是一个由公元前 5 世纪的希腊哲学家芝诺（Zeno）提出的著名悖论的现代翻版。一个被观察着的原子永远也不会改变它的量子态，即使你选择了处于不稳定的高激发原子作为观察对象，如果你始终观察它，这个原子将永远颤抖着待在激发态，直到撤去观察的时候，才会跳到稳定的低能态。20 世纪 70 年代后期，对量子世界的哲学思考使得下述看法开始流行：未被观测的量子客体不会作为一个"粒子"存在。该思想的一个直接推论就是：一个被观测着的量子"壶"永远都不会沸腾。20 世纪 90 年代初，实验证实了这一点。

△ 观察量子

借助于一系列悖论，芝诺宣称，关于时间和运动之本质的通常观念是错误的。他举了一个例子，对一支射向狂逃的鹿的箭来说，在任一时刻它必须处于弓弦和鹿之间某个确定的位置，如果它处于一个确定的位置，那就不能称为运动，而如果箭不是运动的，它就永远不能射到鹿的身上。

如果我们仅仅考虑箭和鹿的问题，毫无疑问芝诺的结论是错误的，当然芝诺本人也很清楚，然而一个借助于悖论得以呈现的问题是：错在何处？这一困惑可以借助于数学上微分学概念来解决。从另一个物质层次上来看，量子论告诉我们，任何时刻都不可能同时确定箭的位置和速度（其实量子论还告诉我们，精确的时刻也是不存在的，因为时间本身也是不确定的），它混淆了辩论的视线，使得芝诺的箭能够继续前行。然而我们可以把芝诺的辩解等效地照搬到一个由数千铍离子组成的量子"壶"上去。

一个离子简单地说就是剥离了一个或多个电子的原子，这使得离子总体带有正电荷，因此，有可能利用磁场来俘获离子并把它放置在一个电子陷阱——壶中。美国国家标准技术研究所的科学家发现了一种能让量子壶里的铍离子沸腾的方法，在沸腾的时候去观察壶——沸腾马上停止了。

实验开始时，所有的铍离子都被放置于同一个量子能态，研究者称它为能态1，用一束特定频率的电磁波严格照射离子256毫秒，就能把离子全部激发到高能态上（称为能态2），或者等效地说成量子壶沸腾了。但是铍离子又是何时从一个量子态向另一个量子态发生跃迁的呢？请记住，只有当你观察它们的时候，这些离子才决定待在哪个态。

量子论告诉我们，跃迁不是一件一蹴而就的事情，实验中之所以选择256毫秒作为电磁波照射离子的时间，就是与此有关。经过这个特征时间后，每个铍离子都有 100% 的概率跃迁到能态 2 上，每个量子系统都有其特征时间（一个与此类似的概念是辐射原子的半衰期）。在现在的例子中，经过 128 秒跃迁的半衰期的照射后，每个铍离子待在能态 1 上与跃迁到能态 2 上的概率相同，也就是说它处于一个叠加态中，经过 256 毫秒后，铍离子由原来待在能态 1 上 100% 的概率变到待在能态 2 上 100% 的概率，而在其间任何一个时刻，离子则以相应的概率处在两态之叠加态中。然而当它被观测的时候，它总是趋于能态 1 或能态 2 中，我们永远不会"看"到混合态。

如果在经历了 128 毫秒的照射后我们想观测这些铍离子，量子理论告诉我们它们将被强迫待在两个态中的某一个，正如我们打开盒子观察薛定谔的猫时，这只猫必须"决定"待在死态还是待在活态。也就是说半数铍离子会待在能态 1 上，而半数铍离子会跃迁到能态 2 上，然而与薛定谔的猫实验不同，理论预言已完全被实验证实，正如牛顿所期望的那样。

美国国家标准技术研究所的研究小组发展了一种相当完美的技术来观测离子的状态。他们把一束快闪激光照射在量子壶上，选择合适的激光频率，使得处于能态 2 的离子不受激光的任何影响，但是处于能态 1 上的离子将会被激发到更高的能态 3 上，这些离子在极短的时间内（远远小于 1 毫秒）跃回到能态 1 上，同时发射出特征光子，可用计数器来探测，而特征光子的数目就告诉了研究者当快闪激光照射的时候究竟有多少离子待在能态 1 上。当然，如果经过 128 毫秒后再用快闪激光观察处于能态 1 上的离子数，虽然会发现有半数的离子待在能态 1 上，但是如果在 256 毫秒内研究者等间隔地观察 4 次，最后发现待在能态 1 上的离子数占总数的 2/3。如果观察 64 次（每隔 4 毫秒观察一次），则几乎所有的离子仍然待在能态 1 上，尽管电磁波不辞劳苦地给这些离子加热，这只被观测的"壶"仍旧不会沸腾。

经验在于，4毫秒后单个离子跃迁到能态2上的概率为0.01%，尽管离子波函数已经扩展，但是它仍然集中在能态1的波函数附近，因此，利用快闪激光的测量我们可以看到99.99%的离子仍待在能态1上。但是离子还有更多的事要做，观测事件强迫它们选择一个量子态，这样离子又完全回到能态1上，量子概率波重新开始扩张，在4毫秒后，快闪激光的照射使它们重新坍塌到能态1上。正是通过快闪激光的不断测量，使得离子波函数永远没有机会扩展，最终离子依然待在能态1中。

在这个实验中，离子在没有观测的4毫秒间隙内仍有一个向能态2跃迁的微小概率，一万个离子中才会有一个跃迁到能态2中。实验结果与量子理论完全相符，这说明如果我们能在整个时间演化进程中观察离子，那么，离子将永远不会改变其状态。如果世界确如量子论所启示：我思故我在。反过来也可以说：世界只有未被施予观测才会发生变化。

这使人想起一个古老的哲学问题：如果一棵树没有被人看到，那么它是存在的吗？造物者有一种传统的回答：即使人类没有看到，仁慈的上帝也会注视它的。前述实验给我们这些好事者带来的一个新的启示是：上帝必须不停地挤眉弄眼才能使这棵树生长、变化。

因此，通过持久地观察它后，我们就能"看"到被冻结在一个固定的量子态中的离子。我们同样也应能够"看"到决定电子行为的概率波，来自加利福尼亚州圣乔治市的IBM研究中心的科学家首先观察到这一点。

△ **奇妙的电子回路**

德国图宾根大学（University of Tübingen）的弗兰兹·海塞尔巴克

（Franz Hasselbach）及其同事利用一台改进的电子干涉仪装置发展了一套直接观测电子波函数信息的精致方案，该装置于 20 世纪 50 年代中期诞生在图宾根大学。

电子干涉仪是双缝实验的翻版。一束电子向着一根带负电的金属丝发射，金属丝上的负电荷与电子电荷发生相互排斥作用，装置设计得足够对称，使电子束中的每个电子从金属丝两侧行走的概率各为 50%。另外，装置中还有一根精心放置的带正电的金属丝，它与分束射来的电子发生吸引作用，使得这些电子重新汇合到一条路径上，最终探测器记录下射到屏板上的这些电子正是双缝实验的翻版。

当电子逐个穿过干涉仪后，它们在另一侧的屏板上建立起干涉条纹，好像每个电子在穿过第一根金属丝时被劈裂为两半，然后在通过第二根金属丝的时候这两个光电子重新汇合为一个电子，并且发生干涉效应（我相信现在你并不为此感到惊奇，除非我告诉你电子不会这样表现）。到此为止，这只是一个比双缝干涉实验更为精致的翻版而已。然而 1992 年图宾根研究小组改进了电子干涉仪装置。

他们给电子干涉仪加装了一个由两块分开的金属板组成的维氏过滤器（实际上就是一个电容器），并让磁场垂直穿过两块金属板中的间隙，任何带电粒子在穿过过滤器时会同时受到电场力和磁场力的作用，调整好电场力和磁场力的大小，使得以某一速度运动的电子在穿过过滤器时受到的电场力和磁场力平衡，从而不会发生偏折，而以其他速度穿过过滤器的电子的运动方向则稍微偏折。这样，研究者们通过在两根金属丝之间放置一个维氏过滤器就破坏了原来装置的对称性，使得一束电子在运动过程中感受到拖曳作用，而另一束电子则不会，这样一束电子波穿过干涉仪的时间要比另一束短，这种步调不一致而带来的相位失配会引起屏板上的干涉图样相应变化，实验结果与量子理论完全一致，即使在电子逐个发射的时候也不例外。从这个实验尽管看到了电子的波动行为，但人们不禁还是要提出一个问题：能否直接"看"到电子波函数本身呢？答案是肯定的，1993年 IBM 的研究者们在量子光栅上第一次进行了电子禁闭实验。

IBM 小组的实验不仅突出显示了量子波的实际存在性，也具有极其重要的潜在应用前景。因为他们的实验涉及操纵单个原子并把它们排在一层表面，这就是纳米技术，利用纳米技术还有望制造出高效、高性能、超小型的计算机，利用纳米技术可以制备出独具特性的显微材料。科学家认为，这些显微材料将会给社会带来又一次工业革命。IBM 小组使用扫描隧道显微镜在平滑的铜表面上沉积了 48 个铁原子，并排成了一个整齐的圆环，其直径仅为 14 个纳米，这就是他们的量子光栅。对位于圆环上铁原子内部的电子来说，这些原子是一堵堵不可穿透的墙。根据量子论，被限制于环中的电子波将受到圆环不断反射，形成驻波，你可以把驻波想象成冻结在时间空间里的起伏不定的斑图，就像一根无休止发出同一个音符的吉他弦。

量子论告诉我们，至少量子光栅内每一点的电子密度是可以测量的，这可以利用扫描隧道显微镜本身做到。通过测量，电子密度可以转化成计算机图像，我们就可以直接看到电子的密度斑图，它看起来就像一枚石子丢入水池所溅起的阵阵波纹，而这正是我们熟悉的驻波啊！

从这个实验我们清楚地看到了电子的波动。我在序章中也提及，即使质量更大的原子，在双缝实验中也表现出波动性质，然而需要指出的是：华盛顿大学的汉斯·德梅尔特（Hans Dehmelt）利用磁"盒"装置（类似"量子壶"）开创了俘获单个电子和单个原子的研究领域，并为此获得了1989 年诺贝尔物理学奖。当然，实验并不能直接观察俘获电子，但是德梅尔特及其同事在 20 世纪 80 年代不仅把单个钡原子俘获在一个修正的潘宁势阱中，而且还利用钡原子自己发射的蓝光拍下了它的形貌照片。从照片上看，一个微小的蓝点静静地躺在巨大的黑色背景当中。如果你承认观看照片与亲眼看见的效果别无二致的话（实际上我们对遥远星系的认识大部分来自照片），那么，我们就可以认为你已经目睹单个原子的尊容了。

然而哲学家和量子爱好者仍旧会对当原子不被照相时它是否会存在的问题争论不休。我已经给你提供了足够多的量子世界的奇异真相，现在到了该解决究竟什么是量子实在性这一问题的时候了。各种各样的量子实在性阐释流行世间，在外人看来其中大多数于事无补，使人沮丧。一个重要的问题是：我们试图阐释什么？为了给出一个清晰明了的图像，我将最后用两个关于光的奇异行为的例子来说明。

△ 什么时候是光子

量子物理的发展史中最微妙的一个特征是思想实验（之所以称之为思想实验，因为最初没有谁相信这些实验会付诸实现）最终都被真正的实验所证实，揭示出量子世界奇异的、充满青春朝气的生命力。第一个自然是 EPR 实验，首先由约翰·贝尔（John Bell）从概念上提出并最终由阿兰·阿斯佩小组解决。在这个例子中从思想实验的提出到最终实验的实现整整用了半个世纪，但对于另外的思想实验，现实实验的进程要快些。

约翰·惠勒——理查德·费曼的博士论文导师，在得州大学奥斯汀分校工作期间，于 20 世纪 70 年代末提出了一个非常精致的思想实验。我曾在《寻找薛定谔的猫》一书中提到这个"延迟选择"思想实验，但是没想到在这本书出版后的两年内这个想象的延迟选择实验出现在现实的实验中。我也曾提及延迟选择思想实验有一个宇宙翻版，它涉及从遥远的类星体上发射的光。在 20 世纪 80 年代中期，没有人相信延迟选择实验会在现实中诞生，但是到了 20 世纪 90 年代，情况大为改变，因为测量思想实验中涉及的类星体发射的光波确实有望在近期内能够解决。

延迟选择思想实验的基本特点与双缝实验不同，我们已经知道，对于逐个发射到双缝实验的光子，它们将在另一侧的屏板上形成干涉图样，看起来像是光子发生了自干涉。我们也已经知道，如果想要建立监控系统来测量光子正在通过哪条缝，我们总会看到单个光子只穿过其中一条缝，在这种情况下，我们在远处的屏板上看不到干涉条纹，即光子在狭缝处的行为被测量破坏掉。

惠勒指出，从原理上来讲，可以在狭缝与屏板之间的某个位置处设置探测器来观察电子在狭缝与屏板之间的路径中的行为。我们可以看到，当光子穿过狭缝还没有到达屏板的时候，它们到底表现出波动性质还是粒子行为。量子理论告诉我们对任何一条光路中的光子的探测就会导致整个系统的波函数坍塌，因此，就不会有干涉条纹出现，但如果关掉探测器，并且在光子通过的时候不做任何观察，那么就会恢复干涉图样。在光子穿过双缝后其在狭缝处的行为就已经确定了。惠勒还指出，我们实际上并不需要对打开还是关闭探测器做出决定，除非光子此时已通过了双缝，这就是延迟选择实验的来由。

如同薛定谔的猫的故事一样，延迟选择思想实验凸现出量子力学的荒唐所在，但与薛定谔的猫不同的是，延迟选择实验于 20 世纪 80 年代中期分别被马里兰大学和慕尼黑（Munich）大学的两个研究小组独立地实现。

他们实际上对思想实验做了改进，一束激光被半透镜劈裂为两束，其中一束通过一个称为相位偏移器的设备，这样两束光就不合拍了，因此，当两束光再次汇合成一束时，就会形成干涉条纹（这与图宾根实验中把电子分成两束，再对其中一束进行相移的方法是一致的）。一种称为泡克耳斯盒的探测器设置在每条劈裂光束的光路中来监测光子的路径，另外在两束光汇合的地方再放置一个探测器来观察屏板上是否正在发生干涉。泡克耳斯盒可以在 $9×10^{-9}$ 秒内完成开关操作，从半透镜到探测器的光程是 4.3 米，需要 $14.5×10^{-9}$ 秒才能走完，因此，在光子穿过半透镜的时候可以把泡克耳斯盒打开或关上（这种开关操作用计算机随机控制）。两个研究小组都获得了与量子理论完全一致的结果：当探测器打开的时候，光表现为粒子行为，每个光子在每一时刻只能通过一条路径，而且不会发生干涉效应（当然，在 4.3 米的光路上有大量光子，每个光子在到达探测器之前就做出应该如何表现的决定了）。如果关闭探测器，即使一束单光子射到半透镜上也会表现出波动性质，此时光看起来同时在两条路径上运动，并且确定无疑地发生干涉。可是，即使在我们还未对如何观测它们做出决定之前，光子在通过半透射时的行为就已经被将来"我们该如何去观测它"这一想法所改变。

这是一个震撼人心的把思想实验付诸实现的例子。但是对目前的例子而言，光子只是在几十亿分之一秒的跨度内对探测器开关状态进行准确预测，不会让你对这种未卜先知的奇异性太困惑，这也是惠勒在 20 世纪 80 年代早期提出把思想实验建立在宇宙中的缘故。

惠勒指出，利用引力聚焦现象可以实现双缝实验的宇宙方案。最初，人们对设在地球上的望远镜能否观测到引力聚焦现象并无信心，后来引力聚焦的研究取得了一些进展。宏观宇宙中正在发生着的事情是：千百万年前由类星体发射出的光在星际中穿游传播，并受到星系干扰（1 光年就是光在 1 年内走过的路程，请记住，太阳光只需不到 500 秒的时间就传到 1.5 亿千米之遥的地球上）。如果星系和类星体之间的方位合适，那么，类星体发出的光就会被星系引力弯曲，因此，类星体发出的光子在星系附近就有两条可能路径，其直接效果就是：从地球上看，类星体有两个像，分居在星系的两侧。

从原理上来讲，有可能把构成两个像的光汇合在一起使之发生干涉，并形成干涉图样，这将证明光的波动性质。另外，利用泡克耳斯盒来观测每个像的光系行为也是可能的，在此情况下，量子理论预测，对两个像的光子观测后再把它们投射到屏板上，就不会出现干涉条纹。果真如此的话，那就"证明"光表现出粒子行为，每个光子在通过星系时只能走一条路径。

要把这一思想实验付诸现实还存在种种困难，尽管我们可以从类星体的两个像中获取光子，但由于引起光线偏折的星系体积如此之大，两束光的信息是含混不清的。任何光源都有其特征相干时间，在这段时间内发出的光是步调一致的，在更长的一段时间内，光波的相位就会变得杂乱无章。对于在星系附近的两束光来说，其光程差大约是几个星期，远远大于其特征相干时间，因此，光的相位信息随机无规，不能用来形成干涉条纹。

时至 1993 年，天文学家为另一种引力聚焦现象的发现欣喜不已。研究者发现：当银河系中一颗由暗物质构成的致密星从星系中的一颗星体前面越过时，类星体的两个像就会闪烁不定，这就说明类星体的像是由不同的引力聚焦而成的。致密星体通常如木星般大小，由它引起的引力聚焦造成的光程差非常小，这就使得观测类星体光的干涉效应成为可能，因此，只须付出微乎其微的努力，就可以把泡克耳斯盒引入实验，并造成干涉图样的消失。

这种新的引力聚焦现象为检验量子理论提供了远大前景。实际上，被我们的望远镜所俘获并被送到探测器的光子是由 10 亿年前从一个距我们 10^{22} 千米远的类星体发出的，它们可以"选择"两条路径到达地球，可以走其中一条，也可以走另一条，或者被神秘地劈裂成两束，同时走在两条路径中。但问题是：在 10 亿年前由 10^{22} 千米外的类星体上发出的这些光子却依赖于 20 世纪 90 年代或 21 世纪初的天文学家是否打开附在望远镜上的泡克耳斯盒的决定。

上述论述是给人的一个错误图像，惠勒说：

> "是关于光子在天文学家观察它以前就具有某种物理形式的假设。它既是波，又是粒子，在星系附近既可以同时沿两条路线穿行，又可以仅仅遵循某一条路线，实际上，量子现象既非波动，又非粒子性，其实质并没有定义，除非在它被测量的时候。从某种意义上讲，英国哲学家贝克莱（Berkeley）在两个世纪以前的断言'存在即是被感知'，是正确的。"

我不清楚惠勒的这段论述能否真的帮你恢复信心，然而无论你如何试图去描述它，上述关于延迟选择实验的宇宙方案中总是存在某种玄妙奇特的东西，整个宇宙似乎已经超前洞悉这小小的人类想要在比如说智利的山峰上做何实验。惠勒的思想已足够超前，他认为整个宇宙之所以存在是因为有谁在注视它——所有一切，甚至可以追溯到 150 亿年前的大爆炸都保持未定义状态，除非被观测。这就带来一个沉重的问题：何方神圣具有这等警惕性，注视着大爆炸，使之坍塌为宇宙波函数。这正是下一章要论述的问题，首先在这儿提供一个看待宇宙波函数坍塌的非正统观念，它是一个思想实验，宣称即使不作任何观测，也会导致系统波函数坍塌。

这个关于量子世界奇异性的极好例子是在 20 世纪 50 年代早期由德国物理学家毛里求斯·任宁格（Mauritius Renninger）设计提出的，因此称为"任宁格负结果实验"，它以极易理解的形式来呈现了量子的奇异性。

这里，我对这一思想实验做了稍微修正，设想一个源正发射一个量子粒子，发射方向是随机的（通常的辐射核就是如此，因此，这个源一点儿也不特殊）。假设这个源处于一个巨大的空心球中心，并且球体内表面涂了一层物质，只要发射的量子粒子接触到球壳内表面的某处，某处就会闪光，当源随机发射一个粒子时，对一个可以接收的量子描述是：量子概率波会沿各个方向向外扩展，当概率波扩展到球壳内表面时，就会在某个地方闪光，量子波随之坍塌到一点。仅当粒子被观测的时候——闪光时，粒子才是实际存在的，而在其向外扩展的过程中是不存在的。

迄今，所有讨论都是足够简单的。但是现在假设，在源和球壳的中间有一个半球状屏蔽罩，从源的视角来看，它实际上把球壳的一半都挡住了，假设这个半球壳内壁也涂上一层闪光材料，使得发射粒子在与它发生撞击时也会闪光，那么，现在当源发射一个粒子的时候会发生何种情况呢？

对这个思想实验的可能结果做一个简单的量子描述，只要利用两个终态就够了，我们现在并不特别关心粒子会在球壳或半球壳的何处发生碰撞，而只关心它会与谁发生碰撞。粒子既可以撞击内部的半球壳使之发光，又可以撞击外部的球壳并使之发光，两个结果发生的概率相同。现在，假设源又被触发产生了一个粒子，仍按标准的量子理论描述为概率波从中心扩散到球壳，各向同性。我们等的时间比其到达内层球壳的时间长，但是比它到达外层球壳所用的时间短，并且在内球壳上没有看到闪光。我们知道实验的终态是在外球壳上的闪光——粒子一定是没弄对方向没能撞到内半球壳。粒子从能够以一半对一半的概率撞向内半球壳和外球壳的状态，完全坍塌到 100% 在外球壳上产生闪光的状态。但是这却发生在观察者实际观察到任何东西之前！这纯属交换了观察者关于它将如何的"知识"的结果。它要求观察者有足够的智慧来推断发生了什么，以及如果一个粒子向内半球方向飞时会发生什么（例如，因此推断，很明显猫不够聪明，无法导致波函数的坍塌）。在此情况下，没有观察也能使量子波函数产生像有观察那样有效的坍塌。至少，哥本哈根学派的解释是这样。

这种观察者——不是任意观察者，而是有智慧的观察者的中心作用处于哥本哈根学派解释的中心，很难判断，任何拼命补救都会是这样的：它可作为一种量子操作的"调制术"，补救只是添加些菜以得到最后的加工物。虽然量子"馅饼"做出来了，但怎么做出来的还是无法知道。

虽然半个多世纪中大多数物理学家乐于用它做菜而不去管这套量子调制术，但也产生了对奇妙的量子世界的其他种种解释。不幸的是，尽管另外的解释争论激烈，各有各的理，直到现在还没有一个能比哥本哈根解释的缺陷更少。但是，这些出自无可奈何的解释仍值得一看，看看量子理论的解释必须解释多少东西，也是为了在本书后半部分向你讲解这不同寻常的理论时给你一个合适的印象。

第四章 | 绝望中的补救

量子理论最为显著的特征之一就是存在着许多种关于这个理论"究竟意味着什么"的不同解释。就其哲学基础而言，这些解释之间大多是相互矛盾的。所有的这些解释都能精确地解释已知的实验现象，并且能正确地预测新的实验结果，它们都满足牛顿关于"一个好理论"的条件。在科学的其他领域并没有类似的事情出现。例如，就 20 世纪物理学的另一重大理论——爱因斯坦的广义相对论而言，我们并没有其他不同的解释。

选择量子理论的解释实际上有点类似于在一个双孔（或多孔）实验中选择光子的路径。光子看起来好像能同时通过实验中的双孔，而在现实世界中这两条路径是相互排斥的。量子理论看起来对许多相互之间排斥的解释都是允许的，就像在实验中光子同时通过双孔一样。在某种意义上，所有这些解释都是正确的。有一些物理学家并不试图说明哪一种解释是正确的，而是建议我们应该从各种不同的解释中多少了解一些量子世界，将它们都考虑进去，将其看成是各种可能的叠加。这些物理学家当中著名的有《宇宙密码》一书的作者——海因茨·佩格斯（Heinz Pagels）。然而只有极少数的专家持这种观点。事实上你可能会发现有少数物理学家（这些人根本就不愿意去思考这些事情）顽固地坚持一种观念，那就是他们所喜欢的那种解释才是正确的，而所有其他的解释"显然"都是错误的。

这场争论的本质——用这个词来描述这种科学上的混浊不清的状态是不太妥当的——在 20 世纪 80 年代中期被公布于众。当时保罗·戴维斯（纽卡斯尔大学的物理学教授）和朱利安·布朗（一位 BBC 电台节目制作人）联手开办了一个关于量子理论的 BBC 电台节目。他们采访了八位当时顶尖的量子物理学家，请他们说出自己对量子之谜的观点，以及如何解释这些迷惑。在节目播出之后，全部的采访记录加上一些介绍性的材料被整理成一本书——《原子中的幽灵》。在这本书当中，那些专家都严肃地宣称其中某一种解释是正确的，而其他解释都是不可能的。唯一的问题是，在"到底哪一种解释是正确的"这一点上他们却不能达成共识。几乎没有例外，他们都非常自信地、直截了当地赞同某种关于真实性的说法，而否定其他的说法。这本书不仅阐述了不同解释之间的差别，而且阐述了不同解释者自身之间的差别。对比，这本书比我已经见到的其他书都要清晰、实用。本章中，我将不时地引用其中的材料来揭示有哪些不同。

尽管我并不想在此详尽地评述关于量子真实性的各种解释，但是仍要给出这些主要竞争者的主要观点。依我的观点看，就这个世界如何运作这个问题，他们之中没有一个人给出了一种令人满意的解释。尽管如此，但是如同佩格斯一样，我认为对于这个问题他们都提供了有用的见解。正如在下一章我将更加详细说明的那样，为了实用，一个关于世界的理论模型不一定非要完美无缺。哥本哈根解释这一实例便最强有力地说明了这一点。这一解释有着明显的缺陷，但在半个多世纪当中，它却为量子力学提供了一个实用的基础。

△ 哥本哈根解释的垮台

哥本哈根解释之所以成为关于量子真实性的一种"官方"解释，部分原因是历史的偶然因素，部分原因是一位 20 世纪最伟大的数学家的一个愚蠢的错误。历史的偶然因素是指它是第一个比较实用的解释，在某种意义上它提供了一份量子菜谱，使得那些不想深究量子的神秘性和哲学性的量子"厨师"能够用来烤出他们的量子蛋糕（另外，这个解释是由一个非常有影响力的人——尼尔斯·玻尔提出的，这位伟人很少给出不恰当的论断）。从实用的观点来看，哥本哈根解释非常有效，因此，从事量子力学研究的人就很少追究其更深一层的含义了。

即使是到了 20 世纪 80 年代中期，这个"官方"的地位仍然是摇摆不定，这不仅表现在量子调制的哲学方面。鲁道夫·派尔斯（RudolfPeierls）先生，1907 年出生于柏林的一位物理学家，他在定居英国之前曾经与许多量子力学的先驱在一起工作过。在《原子中的幽灵》一书中，他的论述使得哥本哈根解释的地位得以巩固。他说："我反对将其称为哥本哈根解释，因为这种叫法让人感觉到量子力学好像有多种解释。只有一种，人们理解量子力学的方法只有一种。"[①] 这是一位老派的物理学家，一位沿着尼尔斯·玻尔、维尔纳·海森伯和马克斯·玻恩的传统成长起来的物理学家的观点。

到现在为止，你应该对哥本哈根解释究竟讲了些什么有一些清醒的认识了——互补原理、概率波及波函数坍塌的联合体。在这里我就没有必要再对其细节一一叙述了。不过请记住，这个三脚架的一条腿——玻尔对互

---

① 参见《原子中的幽灵》，第 71 页。

补性原理的解释已经受到了实验的挑战。这些实验表明，一个单光子在同一个实验中既有波的行为，又有粒子的行为。另外一个很值得注意的是哥本哈根学派关于量子真实性的思想，例如，一个电子或一个光子并不具有诸如位置和动量这些性质，除非这些性质被测量到，我们并非不知道这些性质是什么。这个理论告诉我们，除非这些性质被测量到，要不它们就不存在。

这就是哥本哈根解释的问题的关键所在。波函数在什么时间（什么地点）发生坍塌呢？一个盖格计数器是否能够探测到从一个原子发出的辐射，而使在"薛定谔的盒子中的猫"这一实验中的整个系统的波函数发生坍塌呢？表面上看起来并不是这样，特别是在由彭宁格所设想的光这一类实验中，在这类实验中没有导致波函数坍塌的测量的参与。那么，有意识的参与是不是导致波函数坍塌的一个必不可少的因素呢？

自从哥本哈根解释被提出以后，许多有哲学倾向的物理学家就讨论过现实世界与量子世界之间的分界线在什么地方的问题。严格的哥本哈根学者坚持认为，我们所认为的电子的物理特性并不是什么别的东西，它只是一种电子与测量工具之间的关系，而不单单是一个电子。在 1993 年 8 月一次对英国科学进步联合会的谈话中，基尔斯大学的美国物理学家戴维·梅尔曼提出了一个非常贴切的类比来解释这件事情。

心理学家和生物学家常常为智力的本质问题而争论不休。在多大程度上智力是来源于先天的造化，而在多大程度上智力是后天环境的影响和教育的结果。他们发展了一套所谓的"IQ 测试"，用来测试人的"智商"。尽管在许多年以前就有很多人相信 IQ 测试提供了一套能测试智力的办法，但现在普遍认为 IQ 测试只能测试人们做这种测试的能力罢了。内在的智力可能是决定这种能力的一个因素，但并不是唯一的因素。这个实验（找一些人参与 IQ 测试）的结果取决于这个实验本身的性质（举一个简单的例子，如果这个测量是要求书写俄语，而你根本就不懂俄语，那么，你就无法在这个实验中获得高分）。

采用同样的方式，如果我们要测量一个电子的动量，实际上要测量的是电子回答动量这个问题的能力。电子可能确实不具备我们在日常生活中所设想的那种动量这一性质，但是它可能会具有某种别的性质，使它能够以某种方式来回答关于动量的这个问题。我们得到了一个实验结果——答案，并且把它解释为动量的测量。但它只不过是告诉我们电子回答动量测试的能力而已，而不是它们真实的动量。这正如 IQ 测试的结果只能告诉我们这个人应付 IQ 测试的能力，而不是他们真实的智力。

尼克·赫伯特，一位美国物理学家，另有一个类比。玻尔说过，孤立的实物粒子并不存在，它只不过是一些我们只能通过让它与系统发生相互作用（例如测量一个电子的动量）而认识到的某种东西的抽象。赫伯特说，这正像是一道彩虹。① 一道彩虹并不是以一种具体的物质而存在，它对每一个观测者是在不同的地方出现，没有两个人曾经看到过一道相同的彩虹（实际上，你的两个眼睛分别看到的彩虹也有一些细微的差别）。但是彩虹确实是"真实的"——它能够被拍摄下来。同样，我们可以认为，除非它被观测，或者拍摄下来，它并不是真实存在的。以同样的方式，按照玻尔的说法，量子实体——例如电子是一种表面展示的现象，它在具体的实验安排中，通过与量子实体的相互作用而展现出来。

按照哥本哈根解释的基本观点，"事实"是测量结果的记录——盖革计数器上的咔嗒声或是一次闪光标志着一个电子到达了探测器的屏幕上。

---

① 参见赫伯特：《量子真实性》，第 162 页。

然而，即使是测量仪器本身也是由电子和原子及其他的量子实体所构成的。那么，如何才能避免使用与其他量子实体相同的术语来描述它呢？盖革计数器本身原则上也是由一个概率波来描述。在测量之前，它处于一种叠加状态。我们可以设想，探测器本身由于第二个探测器的探测而"成为真实的"。第二个探测器（像薛定谔的猫）在被第三个探测器探测之前也是处于一种叠加的状态。如此下去，以至于是一个无穷重复的过程。正是这种情况使得一些量子解释者断言，一定是有什么特殊的东西进入有智力的观测者的脑内才导致了波函数的坍塌。

△ 我想，因此

这仍然是哥本哈根解释，或者至少是它的一个经久不衰的变种。派尔斯（正如我们所看到的，他是一个保守的哥本哈根学者）认为："直到这样一个时刻，即当你最后意识到实验已经给出了一个结果时，你才可以抛弃一种可能性，而保留另一种可能性。"[1]

正是这条思路使得约翰·惠勒认为宇宙的存在仅仅是因为我们正在注视着它。从知识的观点来看，在这种解释当中，量子力学描述是明显的，意识的存在是绝对重要的。尽管这种思想也来源于哥本哈根解释，但它并不认为量子世界与经典世界之间的差别与系统大小有关系。这个想法的问题在于，究竟在什么地方划出那条区分量子世界和现实世界的分界线呢？牛津大学的罗杰·彭罗斯在他的《皇帝新脑》一书中指出（依我的观

---

[1] 参见《原子中的幽灵》，第73页。

点看，这种说法并不具有说服力），引力在某种程度上与这种差别有关系。引力是一种非常微弱的力，对于像电子这样的实体，它完全可以被忽略掉。也许，你可以沿着这条思路想下去，当足够多的物质出现使得重力的作用比较显著时，它就破坏了一个物体的"量子性"，而使它成为日常生活中的"经典"物体。彭罗斯发展了一套更为复杂雄辩的理论，其中包括信息是如何在黑洞中消失又如何通过量子行为在宇宙别的地方得到补偿。但他的整个理论框架是很不令人信服的。稍微合理一些的是戴维·玻姆的建议。他认为热可能会使得量子世界的边界线变得模糊。沿着这样的思路思考，每个原子和每个电子都在不停地做着随机的热运动。一旦它达到了一定的大小，包含了足够多的、相互拥挤在一起的粒子，它们就会破坏整体的量子性。

那些认为我们所看到的一切都是意识的量子解释者则持有完全不同的观点。他们会告诉你，即使是一个大到像月亮这样的物体，里面充满了原子，这些原子由于重力作用而拥挤在一起，并且在不停地做着与温度相应随机的热运动，在没有人观察它时仍然不存在。康奈尔大学的戴维·梅尔曼是沿着这条思路讨论问题的物理学家之一。他说，当没有人观察它的时候，月亮并不是简单地消失了，而是像在第三章中所描述的在量子壶中的铍离子那样。如果没有人在观察月亮，那么其中所有的原子、电子及其他量子成分的量子状态开始变得不确定。概率波非常缓慢地从它们最后被观测到时所处的状态向外扩散，整个月亮开始融入一种量子幽灵状态。由于月亮是如此之大，这个过程会非常缓慢。它不会是只花几纳秒，而是要花上几百万年（也许是几亿年）的时间，月亮才能最终融入一种量子不确定状态。在这发生之前，如果有人观测它，则又会使它坍塌回到一个完好的、确定的状态，它的质心精确地位于环绕地球轨道的某个位置。根据这种观点，月亮（或别的任何事物）作为一个实体存在被解释为量子壶观察效应的另外一个简单例子。

约翰·贝尔简洁地总结了这些情况，他指出当一个电子打在闪光屏上时会发生什么样的情况。人们把屏幕上的景象拍摄下来，通过观察照片来获得实验结果。

（对于量子世界和现实世界之间的差别取决于物质的大小这一思想而言）这是一种浪漫的选择。它承认存在一种分界线，不管是尖锐还是光滑……但它并不是将它放在大或小的某个位置，而是把它放在"物质"和"意识"之间。当我们试图完成一个关于电子枪的理论时，我们首先要考虑一个发光屏，然后是照相底片，然后是感光的化学物质，然后是实验者的眼睛……然后是（为什么不？）实验者的大脑。因为大脑也是由原子、电子和原子核来构成……只要我们的智力足够发达以至于能够解决如此复杂的原子系统，我们就应该毫不犹豫地去使用量子力学。但在大脑之外……是意识。难道意识不是一种物质吗？最后我们肯定会得到一种明显不同于玻璃屏幕和胶片之类的东西。①

那些试图发展这种观点的量子解释者提议，在某种意义上大脑本身是一种非常特殊的量子系统，它们以一种整体的，或者，是按非线性的方式运作，特别适合于波函数的坍塌。当然，正如加州伯克利大学的亨

---

① 参见贝尔：《量子力学中的可说与不可说》，第 191 页。我必须强调指出，这并不是贝尔在阐述自己关于量子实体的观点，而是在总结维格纳和惠勒等人的观点。

利·斯塔普（Henry Stapp）曾指出的那样，量子过程也包含了思考和意识。人的大脑神经，在化学上通过传递电脉冲信号而运作，同时也将脉冲信号传过神经元的突触（你可以认为是神经元之间的联结点）。从神经元传出的一个脉冲将激发钙离子的释放，钙离子能够通过间隙并激发下一个脉冲活动。在这个过程中，一个典型的钙离子在二十亿分之一秒的时间内大约传播五百亿分之一米的距离。斯塔普说道："用测不准原理简单估计一下，可以知道钙离子的波包将扩散到一个比钙离子本身大许多量级的尺度。于是，单个经典轨道的想法不再适用，原则上必须使用量子的概念。"[①]

一旦指出来，人们就会感到非常真实，甚至是显然的。但在定性上，他与贝尔的评论没有什么区别：大脑是由原子构成的，所以它必须满足波动力学的规律。人脑的这些量子性质并不意味着不会有具有意识功能的人造电脑的出现，尽管曾经有人试图讨论这一问题。毕竟，电子计算机是由原子构成的，它遵从量子力学的规律。如果最终能证明，钙离子扩散出去并进入突触的量子不确定区域是形成意识的一个必不可少的条件，那么（在原则上）构造出具有这种行为的人造电脑将是可行的。

到这里已经足够了。尽管有人沿着这些充满神秘色彩的道路进一步走下去，但并没有这个必要。我已经向你阐明了哥本哈根解释将把你引向何方，我希望我已经使你认识到哥本哈根解释并不是一个完全令人满意的解释。正如我曾说过的那样，它的成功在很大程度上是由于它是第一个比较全面的、实用的解释这一历史的偶然因素，并且它是由一个很有影响力的人提出的。诺贝尔物理学奖得主默里·盖尔曼早在 1976 年就指出，"尼尔

---

① 参见亨利·斯塔普：《精神与物质和量子力学》，第 152 页。

斯·玻尔给一整代物理学家洗了一次脑，使他们相信问题已经解决了"。①
玻尔之所以能给一代物理学家洗脑，其中一个原因是，在那个时代唯一能
同玻尔相竞争的解释都被数学家约翰·冯·诺依曼所做的一个计算给否定
掉了。而事实上，是诺依曼弄错了。

△　冯·诺依曼的愚蠢的错误

　　冯·诺依曼的错误是非常不幸的，因为看起来这个被抛弃了的量子解
释比哥本哈根解释更接近我们的日常观念。物理学家（像大多数科学家一
样）是相当保守的，他们都倾向于死守旧的观念，除非有无可辩驳的实验
证据迫使他们放弃这种观点。按照这种行为模式，在与哥本哈根解释的直
接争斗中，好像另外一种被称为"隐变量"理论的"导引波"的解释将会
赢得最终的胜利。一代物理学家已经成长起来，他们认为隐变量理论才是
解释量子实体的标准方法。而由尼尔斯·玻尔提出的哥本哈根解释已经成
为明日黄花。要不是玻尔在老年时已不太清醒的话，他应该有更好的工作
成果。

　　隐变量理论认为，一个电子这样的物质作为一个整体可以一个真实粒
子的形式存在。它在任何时刻都具有通常意义上的真实的动量和真实的位
置，但我们却不能无限精确地去测量它们。根据这种图像，量子世界中粒
子的行为由某些其他现象所支配。这些现象通常用一种新的场来描述。这
种场以一种我们不能直接观测的方式在变化着。这个新场的隐变量理论在

---

① 参见盖尔曼：《物质宇宙的本质》，第 29 页。

量子水平上支配着粒子的行为。如果物理学家知道了这个隐变量理论是什么，那么他们将能够预测出测量的真实结果，而不仅仅是各种结果的概率。例如，他们将能够计算出薛定谔的猫是活的还是死的，而不需要打开盒子看一下。

标准的、原始的隐变量理论是于 1925 年由路易斯·德布罗意提出的。德布罗意生于 1892 年，死于 1987 年。他开始他的科学生涯的时间比较晚，部分原因是他的教育过程被第一次世界大战所打断。他是第一个意识到电子能够用波来描述的人。在 20 世纪 20 年代中期，他曾试图将电子也可以用粒子来描述这一发现与电子可以用波来描述这一事实合在一起。他已经接近为量子解释找到一个富有成果的方法。但非常不幸，尽管他是法国的一位贵族（他的长兄死于 1960 年，同时他继承了法国的公爵和亲王两个爵位），但是德布罗意并不具备像玻尔那样的强烈个性。在 20 世纪 30 年代，当他的观点受到质疑时，他并没有非常坚定地捍卫自己的观点。这个观点的实质是对于像电子这样的东西，它是一个"真正的"粒子，但它的行为却被围绕它的所谓导引波所支配，而导引波遵从量子的概率规则。

冯·诺依曼于 1932 年出版了一本关于量子理论的书。这时这个从来就不为哥本哈根学派认同的想法看来碰到了致命的困难。除了一些其他内容，这本书里还包含了一个几乎是数学上的证明，这个证明说不存在能够正确描述量子世界中的实体行为的隐变量理论。

物理学家们立即就接受了这个结果，因为冯·诺依曼是当时顶尖的数学家之一。他于 1903 年生于布达佩斯。1928 年他开创了数学的一个分支，即后来被称为概率论的理论。这个理论能够通过建立数学模型（一套方程组）来确定赌博游戏的最佳战略——如何才能最大可能地赢，或者说如何才能尽量避免输。由于这个理论在战争游戏和经济模型中的应用，它成了数学上的一大分支。他也是第一个提议用一个有意识的观察者去使波函数坍塌，从而从叠加态中选取出一个量子状态的人。

冯·诺依曼于 1930 年移居美国，1933 年他就成为刚刚建立的普林斯顿高级研究所最年轻的成员（创建这个研究所的部分原因是为爱因斯坦提供一个研究基地）。他参加了计算机的早期发展工作（在某些场合，仍然称计算机为冯·诺依曼机）与原子弹和氢弹的研制工作。尽管他在 1957 年就英年早逝，但他对 20 世纪科学的发展产生了巨大的影响。冯·诺依曼绝对不是一个庸才，但天才有时也会失误。

在字面上这个失误涉及物体相加的方式。在数学上，如果一个操作的结果与顺序无关，那我们就说所包含的方程是可对易的。例如 3＋2 和 2＋3 是相同的，所以加法是一种可对易的运算。如果运算结果依赖于具体的操作顺序，那么这种运算就是不可对易的。例如 3－2 与 2－3 不同，所以减法是不可对易的。在量子世界里，即使是加法也并不总是具有可对易的性质。通常事件发生的顺序会影响到一系列相互作用的最后结果。还有一点与调制类似——当你在烤一块蛋糕时，先加半品脱水，再烤 30 分钟，跟先烤 30 分钟，再加半品脱水，你会得到截然不同的结果。

我不想讨论得太细，但在冯·诺依曼关于隐变量理论不能成立的证明中，他使用了如下的事实：那就是，一个量子系统的特性服从一般的对易法规，而且他把这个法则应用到了量子系统的单个组分上去了。这多少有点类似于：如果说一个班上孩子的平均身高为 1.2 米，那么就认为这个班上每一个孩子的身高都是 1.2 米。这当然是得到这个平均值的一种可能，但它并不是唯一的可能（实际上，可能性也不是最大）。认为每个孩子的身高都是其平均值的想法是十分愚蠢的。

要发现冯·诺依曼论证中的错误，同只是取平均这个问题比较起来，需要一定的数学洞察力。但是对于一个称职的数学家来说，这仍然应该是十分明显的。有这样一位数学家——格雷特·赫尔曼在 1935 年指出了这个错误，但这并没有引起注意。直到 1966 年，约翰·贝尔才向人们展示了这个论证是建立在错误的假定基础之上。在这之前，其他人都继续相信冯·诺依曼的证明。20 年后，贝尔表述了他对自己这一发现的惊讶：

> 如果你认真地来看冯·诺依曼的理论，它将会在你手中土崩瓦解。它什么也不是。它不仅是错误的，而且是十分愚蠢的……当你将其假定翻译成物理的语言时，你会发现它是毫无意义的。你可以引用我的话："冯·诺依曼的论证不仅是错误的，而且是愚蠢的！"

1993 年，戴维·梅尔曼指出，或许有一整代研究生曾试图去创建隐变量理论，但他们却被冯·诺依曼的这个证明打入深渊。他说，冯·诺依曼的关于"无隐变量理论的证明"是如此愚蠢，"以至于我们怀疑那些学生或者那些热衷于这个证明的人是否认真地研究过它"。[1]

有两个原因使我对这一点进行过一些思索。首先，它说明了物理学家在接受一个观点时可能会像其他任何人一样上当受骗。他接受这个思想仅仅是因为"每个人都知道"它是正确的，并且因为它已经写进了一本著名的书里面，而没有再花力气去亲自检查事实本身。其次，由于冯·诺依曼的证明所产生的广泛的影响，在许多流行的和半流行的量子论述中，以及一些教科书里，仍然宣称隐变量理论是不可能的。即使是在 1966 年贝尔

---

① 参见《物理评论快报》，1993 年第 65 卷第 803 页。

证实这个证明是错误之后仍是如此。不要相信它们。隐变量理论（或解释）是有效的，但要有一个先决条件，关于这一点我马上就要论述到。令人惊奇的是在 20 世纪 50 年代，有一个人敢于试图创建一个这样的理论，他没有被迎头打来的冯·诺依曼的证明所击沉。这个人的名字叫戴维·玻姆，在别人的一些帮助下，经过这么多年的努力，他发展了一套关于量子力学的隐变量解释。这个解释能与哥本哈根解释一样有效地工作，但它却给出了一个关于量子真实性的完全不同的观点。

△ 不可分割的整体

在《原子中的幽灵》一书中，玻姆总结了他自己关于真实性的本质的观点。当被问到他是否认为外部世界独立于我的观察而存在时，他回答道："每一位物理学家实际上都对此深信不疑。"他继续说道："宇宙作为一个整体并不依赖于我们……我并不认为意识会对原子产生重要的影响。"[1]

与那些量子先驱者比起来，玻姆是后一代的物理学家中的一员，这一点可能是重要的。他生于 1917 年，在 20 世纪 50 年代早期才开始系统地建立一个关于量子解释的新理论。那已经是在哥本哈根解释确定了其中心地位 20 年之后了。还有一点可能也是重要的，那就是，他出生于美国，并且是在一个远离尼尔斯·玻尔的强大影响的文化氛围中成长起来的。

我这里还有一点关于玻姆的逸闻。我曾经发现他接触科学是在他 8 岁

---

[1]　参见《原子中的幽灵》，第 119～120 页。

时通过阅读科幻小说开始的，然后他接触了天文方面的书籍。在30年以后，我几乎是在同样的年龄，以同样的方式开始对科学产生兴趣。在第二次世界大战期间，玻姆作为一个研究生与罗伯特·奥本海默一起在加州工作，并且对曼哈顿工程做出了一些贡献。之后，他到了普林斯顿大学。他开始根据自己对哥本哈根解释的理解而写一本介绍哥本哈根解释的书。正是这种介绍标准解释的尝试使他意识到他根本不知道玻尔在说些什么，而最终导致了他发展出自己关于量子理论的解释。

大约是在他开始发展这些异乎寻常的观点的同时，玻姆的个人生活开始陷入不安定状态，他被国会的非美活动委员会传讯，并且被要求为一些他在曼哈顿工程工作时在伯克利所认识的科学家的政治问题作证。这是在冷战的前期，即在20世纪40年代末期，当时美国行政当局怀疑有人向苏联泄露了原子弹的机密，因而变得十分偏执。玻姆从总体上拒绝回答任何关于他的同事的个人生活方面的问题。他根据《修正案》第五十条据理力争。而这条法案给予公民以这样的权利：这种作证可能危及公民自身时可以不予以作证。

在那时，这件事产生了一点小小的波澜，接着就被遗忘了。当时反共产主义者已经开始行动起来。两年以后，玻姆被冠以藐视国会的罪名而遭到指控，并受到法庭审判。虽然他并没有被定罪，但在法庭受审期间，他却遭到了无端的诽谤。在麦卡锡主义开始盛行的时代，他发现在美国不可能找到一个职位。他移居到了欧洲，在伦敦柏克贝克学院安定下来。正是在那里，在以后的40年时间里，他的量子解释取得了长足的进展。

从他对非美活动委员会的反应来看，玻姆并没有违反当局的规定或触犯到党派的界限（具有讽刺意味的是，他们采用那种似是而非的罪名来指控他）。虽然，冯·诺依曼宣称已经证明隐变量理论是不可能的，但这并没有使玻姆停止他对隐变量理论的研究。他并没有发现冯·诺依曼的错误，但是，通过建立一个实用的隐变量理论，他证明必定存在这样一个理论。要么冯·诺依曼是错误的，要么玻姆的理论是错误的。玻姆于1992年去世。那时这样替代哥本哈根解释的解释最终开始引起一部分物理学家的认真对待。他对能够看到贝尔的发现——这两个理论哪一个是错误的已经心满意足了（当然，贝尔发现了冯·诺依曼的错误，并不能证明玻姆就是正确的。但这给玻姆的理论移去了一块重要的绊脚石）。

玻姆对量子不确定性的解释是，粒子总有一个确定的位置和速度。任何试图测量这些性质的尝试都将会通过改变与粒子相连的导引波而破坏这些信息。触动一下一个地方的导引波（也许通过测量电子的位置），将立即改变每一个地方的导引波的形状。在它的影响下，将对所有的粒子产生影响。

这里包含了两个关键的概念。首先，由于是导引波的形状决定了如何去影响粒子，所以在任何位置导引波有多强（或多弱）并没有什么关系。只要导引波在那儿，改变它的形状就将影响到粒子。其次，对于一个来源于局域位置的扰动，任何地方的导引波都同时有所反应。这个波本身是非局域性的。

这就是我在先前所提到的一个先决条件。在1966年，贝尔证明如果你接受非局域性，那么，隐变量理论就能有效地解决问题。阿斯佩实验是非局域性发挥作用的一个特殊例子——测量一个光子的偏振状态，立即决定另外一个光子的偏振状态，即使这个光子在宇宙的另一端，也是如此。

当然，你可以问，我是否可以采用哥本哈根解释来描述阿斯佩实验呢？我确实这样做了。如果说贝尔发现的是只有隐变量理论要求我们接受非局域性，那么这将是一个足够强大的理由使我们抛弃这种量子解释。但是，他发现的并不是这样。他发现的是，对量子真实性的任何解释都必须包含非局域性。

严格来讲，这有点太简化了。贝尔发现，如果他的著名的不等式被违反了，那么这就意味着要抛弃"局域真实性"这个概念。在这个词组当中"局域"意味着不存在比光速还快的联系；"真实性"是指这个世界独立于我们的意识而存在。阿斯佩实验（和其他实验）通过证明自然违背贝尔不等式来说明必须从这二者中取其一。这个结论比你最初意识到的还要戏剧性，因为事实上贝尔不等式根本不依赖于量子力学。如果贝尔不等式被违背了，那么就必须抛弃局域真实性，即使量子力学是完全错误的，也只能如此。阿斯佩实验的结果表明，不论你用何种科学理论来描述这个宇宙，它都不是"局域的真实的"。如果你希望相信存在着一个真实的世界，那么没有非局域性是绝对不行的；如果你希望相信任何通信的速度都不能大于光速，那么你将不能获得一个独立于观察者的真实世界。

生于 1928 年，死于 1990 年的贝尔比玻恩更远离量子先驱者们的那个伟大时代，他从来就搞不懂人们为什么会轻易地接受哥本哈根解释，并将其奉为圣典。贝尔曾说过："德布罗意和玻恩的关于粒子和波的观点，在我看来是如此自然和简单，它以如此清楚和普遍的方式解决了波粒二象性的难题，这些观点居然如此普遍地不受人注意。这对于我来说是十分令人惊奇的。"[①] 并且他根本不理会传播速度比光还快这些思想，即使这意味着时间的倒退。他说，如果有必要回到以太的想法上去（或者，至少到一个更好的参考系中去），那么他宁愿放弃爱因斯坦的狭义相对论，也不愿意

---

① 参见《量子力学中的可说和不可说》，第 191 页。

放弃真实性的思想。

人们希望能获得一个关于这个世界的现实一些的观点，希望能够谈论这个世界，就像它真的在那里一样，即使在没有对其进行观察的时候。我当然相信存在一个世界，在我之前它在那里，在我之后它仍将在那里。我相信你也是这个世界的一部分。我相信，当物理学家们被哲学家们逼到了墙角时，绝大多数物理学家会采纳这种观点。①

玻姆进一步发展了这样一种思想：任何事物都与其他的事物相联系着，并且随时通过导引波受到所发生的其他事件的影响。玻姆认为，一些看起来相互独立的客体，它们之间好像没有什么联系。但在实际上，它们都同一些潜在的起作用的过程相对应着。一个非常简单的类比可能就是在舞台上的舞蹈者由于灯光的作用而投影在两个方向相反的屏幕上的影子。如果你只能看到这些影子，那就好像它们在以某种神秘的方式在发生相互作用，似乎包含了一种超距离作用。实际上，它们都对应着一个潜在的、更深层次的实体。玻姆的思想在后期得到了发展，他提出，这个世界背后基本的秩序是由一个场来构成的。这个场又是由无穷多的相互叠加的波来构成的。这些波的叠加产生了局域效应，那就是我们觉察到的粒子。

所有这些想法，特别是导引波的思想使人们禁不住联想到理查德·费曼提出的量子力学的"对历史求和"的方法。其中导引波的思想认为，导引波在宇宙中无处不在，并且导引着相应的粒子。不是说"光子"沿着所

---

① 参见《原子中的幽灵》，第 50 页。

有可能的路径到达镜子，然后到达我们的眼睛，从而形成一个反射的像，我们可以这样说，"导引波"沿着所有可能的路径传播，然后"告诉"光子应该走哪一条路径。费曼刚好比玻姆年轻一岁，从时间和空间上都远离哥本哈根解释，在哥本哈根解释提出数十年后，他提出了新的观点。然而由于某种原因，直到最近人们才感觉到费曼的思想似乎比玻姆的思想更有声望（更有声望，并不是真正充分地尊重。即使是现在，仍有许多物理学家认为采用"对历史求和"的方法来解决量子力学问题显得有些怪异，尽管它确实能解决问题）。然而，这两种思想在概念上都与另外一种解释量子真实性本质的奇怪的理论相关联。这种理论不仅涉及非局域性，或是沿各种可能轨道传播的光子，而且涉及一个宇宙的无穷列阵，这个宇宙列阵满足各种可能的量子选择的各种可能结果，它们以一种确定的非局域方式完成这些行为（尽管这些并不总是为这种解释的倡导者所承认）。

△　宇宙的扩散

　　由于显而易见的原因（如果它们还不显而易见的话，那么它们马上就会变得显而易见），这种解释被称为"多世界"解释，它早就是我所喜爱的一种解释。一部分原因是哥本哈根解释从来就没有给我留下什么深刻的印象，而这种解释好像是它最好的替代品；另一部分原因是它为科幻小说的创作提供了一个极好的机会。但是，关于多世界解释的情况已变得越来越复杂，就像它变得越来越流行一样，并且它最终像变形虫一样分成了三个不同的多宇宙理论。同时，正如我在序章中所阐述的那样，一个更好的解释已经发现，开始吸引那些在过去的40年里对已有解释不满意的人。

我现在已经不再像过去那样对多世界解释十分热衷了。但它至少仍与哥本哈根解释不相上下，而且仍为科幻小说提供着十分丰富的背景，所以它仍然不失为一个美妙的解释。

多世界解释的基本观点就是在每一个时刻宇宙都面临着一个选择。整个宇宙分裂成多个它自身的拷贝，有多少个可能的选择就有多少个这样的拷贝。描述这个思想的一个简单方式是借助具有悠久历史的薛定谔的盒子中的猫。在那个思想实验中，具有两种选择：要么放射性原子发生衰变，猫就死亡；要么它不发生衰变，猫仍然活着。请记住，传统的哥本哈根解释说，除非是一个有意识的观察者打开盒子看一下，要不然这两种选择都不是"真实的"。直到打开盒子这件事发生之前，在盒子里的任何东西都处于一种叠加态之中。于是在测量之前，猫既不是死的，也不是活的。多世界解释说，当系统面临选择时，这两种选择立即变成真实的。宇宙分成了两个。在宇宙的一个拷贝里，实验者打开盒子发现了一只活的猫；而在另一个宇宙里，实验者打开盒子发现了一只死的猫。关键的一点是，根据这个解释，在实验者来观测之前，在盒子里的猫是真正活着或者真正死了。这里并没有什么神秘的叠加态，也没有在观测的那一时刻波函数的坍塌。每一个观测者都认为他是在唯一的宇宙里，这儿并没有办法使得两个宇宙中的人相互交流。

多世界解释是在 1957 年由休·埃弗雷特发展的。当时他正是约翰·惠勒指导下的一名学生。在那时，惠勒赞同这个观点。尽管惠勒是导师，而埃弗雷特是学生，但多世界解释有时被称为"埃弗雷特–惠勒理论"，而从来没人称其为"惠勒–埃弗雷特理论"。从这一事实中可以隐约看出惠勒当时对这种解释的热情相对较低（与他对"惠勒–费曼吸收理论"的热情相比）。几年之后，惠勒对多世界解释的看法就变了。他认为，尽管这种解释能像哥本哈根解释一样精确地预言各种实验结果，但它携带了太多"形而上学的包袱"，而不能被严肃认真地对待。这个反对是一个感觉的问题。态的叠加及波函数的坍塌这一整套东西也带有它自己的形而上学的包袱，并且有些人（包括我自己）发现，这个包袱比起多世界解释让人更加难以接受。但惠勒的看法也确实有一点道理。

问题在于多世界解释的原始形式要求存在无穷多的宇宙。在每一次劈裂时，每个宇宙都劈裂成无限多的真实的版本。就好像是宇宙中的所有原子和粒子都面临着量子选择的问题，都同时沿着各种可能的路径走向未来。人们对于宇宙劈裂的通常看法为——可能存在一个"平行的世界"，在那里南方赢得了美国国内战争，如此等等。正如我所说的，这为科幻小说的作者们提供了令人兴奋的素材，至少在人类生活方面，这好像是足够合理的。每个人都喜欢对一些历史关节进行推测"如果怎么样"，会发生什么不同的结果。但是，如果我们容许每一个细小的量子选择都以各种可能的方式得以实现，这样是合理的吗？如果不合理，而影响人类历史的重大选择便是宇宙增生的结果，那么我们便又回到那个老问题——如何划出量子世界与现实世界的分界线呢？我们又要为量子选择的含义而迷惑了：是不是在量子选择产生影响之前，需要有一个有意识的观察者来观察它呢？

尽管存在一些困难，一些宇宙学家还是接受了这个思想，并且使其逐渐清晰化。这个思想在埃弗雷特提出之后的近30年一直处于枯萎的状态。这些宇宙学家对这个思想表现出这么高热情，是因为多世界理论最大的一个好处就是，它既不需要一个有意识的观察者，也不需要系统之外的一个测量仪器来使波函数发生坍塌，从而创造出实体。我们曾一度为"维格纳的朋友"所迷惑——如果维格纳的朋友打开盒子，察看了猫是死的还是活的，但他并没有告诉其他人，这样这位朋友也处于叠加态，直到维格纳问了观察到了什么为止。然后维格纳也处于一个叠加态，直到另外一位朋友问他实验的结果为止，如此等等，一直无穷。所以，难道不是叠加态使得宇宙成为真实的吗？

惠勒曾经讨论过，我们的观察（或那些有意识的观察者）现在可以在一定程度上追溯到过去，使宇宙的波函数坍塌，一直进行到最初的大爆炸（在这一点上，多世界解释就携带了太多形而上学的包袱而不能被认真地对待）。但是既然我们是这个系统的一部分（在这里系统是指整个宇宙），那么这个讨论就是可疑的。要使宇宙作为一个实体而不是作为一个叠加态而存在，哥本哈根解释严格要求一个宇宙之外的观察者来使波函数发生坍塌。所以一些宇宙学家已经转向多世界解释，宁愿相信真正存在着许多个宇宙，每一个都有自己的空间和时间，它的起源都是大爆炸。这样一来，宇宙的数学描述就变得非常复杂，但是沿着这个思路已经取得了一些进展。例如斯蒂芬·霍金建议，尽管存在无限多种宇宙，在某种意义上这些宇宙肩并肩排列着，然而一般的最有可能在其中找到我们自己的那种宇宙，就应该看起来与我们真正生活在其中的这个宇宙非常接近。

在20世纪90年代，多世界解释最强有力的支持者可能是牛津大学的戴维·多伊奇。他将这个解释描绘为"量子理论的最简单的解释"[1]，并且他使用多世界解释的一种形式去从另一个角度解释了双孔实验的过程和结果。

如果你以通常的方式用单一的光子来做这个实验，并且得到了相干图样，这看起来是很自然地告诉我们，某种东西同时穿过了实验的双孔，对

---

① 参见《原子中的幽灵》，第84页。

这个现象有着不同的解释：概率波解释、导引波解释、光子自身神秘地同时存在于两个（或更多个）地方。无论何时去观察，我们发现的都是一个完整的光子，并且仅仅通过一个狭缝（当然，相干图样便随之消失了）。多伊奇指出相干图像就好像是这样形成的：（假设我们正在观察）鬼光子正在通过另一个狭缝，它与真正的光子发生相干。然后他又说道，"其实这个额外的光子一点也不'鬼'，它是一个真实的光子，它是沿着隔壁那个宇宙中的一条量子路径行驶的真实光子"。

根据多伊奇的观点，在双孔实验中，当光子面临一次选择——从哪一个孔穿过时，宇宙就劈裂成两个。在一个宇宙中光子沿一条路线前进，在另一个宇宙中光子沿另一条路径前进。等穿过小孔之后，我们再把光子的两条可能的路径合并为一条，于是它们便相干并产生相干图样。根据多伊奇的观点，在这样做的时候，我们又将两个宇宙合在了一起——这是对埃弗雷特原始思想的发展。只有在这种实验中，当光子正在飞行的时候，宇宙才以两种分离版本的形式存在。在双孔实验中即使是一次只发射一个光子，我们也确实是观察到了相干图样。多伊奇将观察到的这个事实作为如下结论的证据：关于宇宙方案的各种可能的量子形式确实在以某种方式"肩并肩"地存在着。根据这种表述，多世界解释看起来有点像费曼的"对历史求和"的方法。但是各种历史的真实性如何呢？

多伊奇说，他已经构想出一个实验，这个实验将能告诉我们其他的宇宙是否真的存在。这个实验现在尚不能完成，但在随后的几十年里是有可能完成的——在人的有生之年肯定可以完成，如果计算机技术继续以目前的速度发展的话。

他的建议是建造一个计算机"大脑"，让它可以在量子水平上直接意识到发生了什么。这个超级大脑的任务是观察量子系统，这个系统恰好具有两个可能的测量结果，这个测量可能是对光子偏振的测量。根据在实验中光子的设置方式，它有两种可能的方位。如果多伊奇的多世界理论的版本是正确的，那么这个超级大脑将劈裂成两个它自身的拷贝，每一个记录一种可能的测量结果。这个超级大脑记录的并不是它所能观察到的一切，而仅仅是记录它正在观察的那个唯一的测量结果。

在两个并列的现实中，这个大脑精确地记下完全相同的事情，这表明它正在观察唯一的现实，然后通过某种相干的方式把这两个现实归并到一起（可能使光子再一次上涨为偏振状态）。多伊奇说："如果传统的解释是正确的，那么在这个超级大脑慎重考虑期间，应该只有一个宇宙没有消失而保留下来。"就像在进行量子测量的过程中波函数要发生坍塌一样，那样的话将没有干涉现象出现。但如果多世界解释是正确的，那么即使是这个大脑仅仅记录下了一个中间态，干涉现象也应该存在。但是大脑并没有记录下这两种中间的可能性中的一个，它仅仅记录下了一个中间的量子态。如果已经记录下它正在观察的是哪一个中间态（精确地等价于检测光子通过哪一个小孔），那么这个现实就成为确定的，就不能再与它的对应物相融合并产生相干。"超级大脑所做其他事情的一个重要结果就是它要彻底忘却它所观察到的是哪一种可能性。"[1] 实验结果——两个共存的中间态相干涉，但是记忆却存在于"一个"单态当中。所以宇宙必定分成了两个。

尽管它的简单性非常吸引人，但多世界理论的任何一种版本都还存在着困难。最引人注目的是彻底的非局域性。如果我们做一个双孔实验，并且允许干涉图样出现，那根据多伊奇的观点，你可能会看到宇宙的劈裂

---

[1] 参见《原子中的幽灵》，第 99～100 页。

和重新合并完全是局域的，发生在实验室的一个角落里，宇宙的其余部分对它没有什么明显的影响。如果我们察看光子从哪一个小孔通过的话，就会阻止相干图案的出现，这就意味着宇宙已经将其自身劈裂成两个拷贝，每一个给光子提供一条可能的路线。光子通过哪一个小孔可能在整体上对这个宇宙没有什么明显的影响。从原则上来讲，这个劈裂立即改变整个宇宙的量子态。

看起来这并没有难倒多伊奇，因为他对时间的理解与我们的日常观念——事物从过去到现在，再到将来格格不入。他在《真实世界的脉络》（*The Fabric of Reality*）一书中说，根本不存在时间"流"，并没有孤立的现在时刻，除非是在主观上这么认为。如果时间真正在"流动"的话，那么必定存在着第二种时间以此来测量"现在"从某一个时刻移动到下一个时刻的方式，同时也必定存在着第三种时间以此来测量那个时间，如此等等（他的这番话是对 20 世纪 30 年代 J. W. 杜尼提出的一个论断的回应）。在过去与将来之间存在着差异，因此，我们会很容易地将一个人从婴儿、少年到成年的照片以正确的顺序排列起来，但这并不意味着任何事物实际上都是从过去走向将来。多伊奇认为，在其他时间的快照和其他宇宙的快照之间并没有基本的区别，"过去"和"将来"都是埃弗雷特的多世界中的特殊情况。

这些正在将我们拉入深水区，我不想就此冒险了。因为首先，我并没有被多伊奇对多世界理论的改进所说服，并不认为它就是理解量子真实性的最佳方法，再进一步细讲下去，这种思想对于我们对时间的理解也没有多大帮助。

我没有被多伊奇的论断说服的一个原因，就是在这个理论中，实际上发生了什么事情与测量、观察和智力仍有相当密切的关联。在"超级大脑"实验中，如果大脑记录下的仅仅是它正在观察的一个现实，而没有指明是哪一个，那么将会产生相干图案；然而，如果大脑记录下的是它正在观察的那一个现实，将不会产生相干图案。这样，我们便又回到了那个关于光子的迷惑：如果不去观察的话，它将同时经过"两条路径"，而如果去观察的话，它将仅仅沿一条路径前进。从个人角度来说，我更喜欢埃弗雷特理论的原始版本。在那个理论当中，宇宙不断地劈裂成现实的多个版本，在不同的版本之间不能交流。但是，关于这个基本的主题，仍有一些其他的观点，在我转到其他主题之前应该先提一下。

△ 量子主题的多元性

自从我开始写《寻找薛定谔的猫》到现在，多世界理论已经在量子解释方面占领了越来越多的领地。这主要是因为我曾经提到过的那些宇宙学问题。在 20 世纪 90 年代中期，关于这些思想的"嗡嗡声"主要与两个相关的话题有关。这两个话题都是这个主题的变形，它们是"多意识"和"多历史"解释。

在由多世界解释所展开的可能性当中，某些你感兴趣的思想可以通过快速浏览所涉及的研究者而获得一个大概的了解。我已经提到了牛津大学的多伊奇，其他人包括迪特尔·策和埃弗雷特、朱斯（海德堡大学）、克劳斯·凯费尔（苏黎世理论物理研究所）、乔纳森·哈利韦尔（麻省工学院）、沃伊切赫·楚雷克（洛斯阿拉莫斯国家实验室）、塔努·帕德马纳班（孟买的塔特研究所）、默里·盖尔曼（加州技术研究所）、詹姆斯·哈特尔（圣巴巴拉的加利福尼亚大学）、大卫·阿尔伯特（哥伦比亚大学）和巴里·洛（路特格斯大学）。1991 年 10 月，《当代物理》杂志发表了楚雷克的一篇文章，其中论述了这个工作的一个方面。这篇文章引发了这么多的回信，仅仅是《当代物理》杂志选出来发表的，加上楚雷克的回信，就足足占用了这个杂志的 8 页。在 20 世纪 90 年代，物理学界对这些思想还有相当大的兴趣。

楚雷克写的这篇特殊的文章还描述了探索量子世界的另外一个方面——"去相干"现象。这个现象与我们实际所掌握的关于一个量子系统的信息量及完全确定那个量子系统所需要的信息量有关系。

我们用一个电子作为例子。氢原子的一个电子的状态需要三个数来完全确定。这三个数相应于三个自由度（为简单起见忽略了电子的自旋）。这有点像要确定在房间内飘浮的气球的位置恰恰需要三个数，与相邻两面墙和地面的垂直距离。要确定更复杂的系统便需要更多的数，因为它们含有更多的自由度。一般来说，要确定一个量子态所需要的数的数目等于系统中粒子数目的三倍。

帕德马纳班使用传统的猫的例子将这个问题讲解清楚。[1] 他指出一只重一千克的猫可能包含大约 10^{26} 个原子，所以即使我们忽略了每个电子的行为，要确定这只猫的量子态所需要的数的数目也将是 10^{26} 的三倍。我们对猫的描述并不仅仅停留在这个水平上。当我们说"有一只猫蹲在屋子的角落里"时，将有许多与这个描述相匹配的量子态。

根据这种思想，忽略很多自由度的效应就是使物体——在这种情形是猫——的行为与经典物体类似，而不是与量子物体类似。我们通过忽略物体的自由度而使其行为经典化。根据这个解释的支持者的观点，即使是在

---

[1] 参见《新科学家》，1992 年 10 月 10 日。

双孔实验中这个规律也是正确的。当我们在观察光子从一个小孔通过时，实际上忽略了另一个小孔的存在，这样就使得系统的行为经典化了；当我们允许光子同时"看"这两个小孔时，使用了能够用以描述系统的所有信息，这样系统就表现出量子力学的行为。

当我们开始忽略系统内部的大量自由度时，系统的行为便表现得越来越经典化。这个理论表明，如果我们能设计出一个实验，测出确定一只猫所需要的所有参数，那么我们将会发现猫的行为是量子力学的，就像一个电子一样，它将存在于一个联合态，在其中它既是死的又是活的。

是我们的无知使系统的行为经典化，物体越大，它包含的量子实体就越多，我们对其就越无知。这很自然地告诉某些研究者："去相干"理论可以很好地解释为什么整个宇宙的行为就像一个经典系统。

"多历史"理论就从这里开始登场了。我曾经在"宇宙是如何到达现在这种状态的"和"将一些稳定原子和一些不稳定放射性原子放在一起将会发生什么现象"这两个问题之间做了一个类比。随着时间的流逝，不稳定原子将会衰变，从而转化成长寿命的原子。这样，不管开始时是按什么方式混合的，最终留下的都是一些稳定的原子。量子力学允许我们这样认为：在大爆炸之后，出现了关于宇宙的各种可能的量子态。楚雷克说："只有那些稳定的状态被留了下来。"从效果上看，哪种形式能够存活下来完全取决于它们与自身的相关程度——那些能够自洽的历史比那些具有内在的不可预测性的历史更加能够存活下来。这些恰好就是那些最接近经典描述的历史。楚雷克将这种规律称为"可预测性筛子"，并且说："事实证明，那些通过可预测性筛子挑选出来的纯态就像大家熟悉的相干态。"[1] 用帕德马纳班的术语来说，这个宇宙具有"多个历史"。我们对其他宇宙的无知导致了宇宙表现出经典的行为，这又是对费曼的"对历史求和"方法强有力的回应。这个理论的新的要素就是要求我们所感知到的历史应该是自洽的。我们的记忆和对过去事件的记录之间的关联在楚雷克的解释中是一个核心的概念。在这个图像当中，我们所感知到的不是整个宇宙的波函数，而是宇宙的一支或多支的少数几个特性。这些特性与观察者所给出的对这个世界的描述中的所有事件都是自洽的。尽管存在一些其他为一些观察者所不知道的历史，但是观察者们可能会记住一些事情，他们可能会与其他观察者就宇宙的"这个"历史是什么样子达成共识。

在 1993 年后期，量子物理学家提出了一个可行的实验方案。这个实验能揭示这样一个问题：历史是真的存在呢，还是仅仅为目前这些记忆的一个自洽的集合。这个实验是贝尔不等式的时间对应。一些物理学家已经指出，用来描述在同一时刻发生的分离的事件的贝尔不等式，可以转过去描述发生在同一地点（在同一个量子系统中）的随着时间依次发生的一些事件。洛斯阿拉莫斯（Los Alamos）国家实验室的胡安·帕斯，圣菲研究所的冈特·马勒已经证明，这可以使这种思想转变成一个切实可行的实验，以此事确定历史是否真的以我们平时所认为的那种方式存在。

他们提出的这个实验涉及对一些完全相同的备用系统的受控测量。理想的实验对象是铍离子。铍离子有一套很确定的能级，并且已在相似的实验——在第三章中所提到的"量子芝诺效应"中应用过。不过在这里，伴随着铍离子的那些电子将在四种不同能级之间跳跃。

---

[1]　参见《当代物理》，1993 年 4 月。

所需的离子这样来准备：用激光驱动电子，使之在选定的两个能级之间连续地振荡，然后对电子进行激发，使之从这两个能级之一跳到两个更高的能级之上。"时间贝尔不等式"预言了最终落在不同能级上的电子数目以某种确定的方式依赖于各种可能的转变被激发的次序。

这是一个切实可行的实验。帕斯和马勒已经告诉我们对于系统状态如何测量才能揭示系统确实到达了那个状态。常识告诉我们，必定存在一个连续的历史。在其中，电子从初态出发，以确定顺序通过几个中间态，到达末态。就像当时贝尔在建立他的方程时要使之符合常识一样（贝尔不等式的违反证明确实存在着"距离远一些的幽灵般的运动"），描述这个实验的等价方程的建立也要符合常识。如果实验结果符合"时间贝尔不等式"，那么量子世界就符合我们的常识。如果实验结果不满足时间贝尔不等式，那么这将证明根本不存在确定的中间态。这正像帕斯和马勒所指出的，"在实际的测量事件之间（任意地选择初态和末态来测量），历史不是现实的一个元素"[①]。

与贝尔检验的空间版本相类似，如果这个不等式被违反了，那么量子事件的初态和末态将通过时间相关联，而没有经过任何中间态（没有随着时间连续演化的轨道）。阿斯佩实验表明，量子整体的行为就像它们之间的空间关系不存在（除非我们对量子世界的所有理解都是错误的），这个新的实验将表明量子整体的行为说明它们之间的时间关系不存在。

到目前为止，量子物理学家们期望在做实验的时候这个不等式将不成立。实际上，这个实验与量子壶观测实验是如此相似。到你读到这本书的时候，这个实验可能已经完成了。我对此深信不疑：实验结果将像量子物

---

① 参见《物理评论快报》，1993 年第 71 卷第 3235 页。

理所预言的那样，与常识不符。

实际上，并没有像听起来那么可怕，因为这需要一个纯的量子系统。当一个系统中涉及许许多多粒子时（例如一个人或一只猫），如果"去相干"的思想是正确的，那么"量子性"将被抹平。所以正像帕斯和马勒所说的："可以通过增加与环境相互作用的强度来使其不再违背时间不等式"[1]。历史，尽管对一个电子来说并不是真实的，但对于历史学家来说，则可能是真实的。

看起来量子物理总是这样——存在其他解释，一派认为，尽管历史学家（和我们中的其他人）可能会"记住"一个相干的历史，但这并不意味着真的只存在一个唯一的历史。大卫·阿尔伯特的工作使另一派——"多意识"的思想开始登上舞台。这个思想指出，当一个有智力的人与一个量子系统相互作用时，这个有智力的人的大脑自身便需要有这个量子系统的复杂性所确定的一个复杂性。就像多伊奇所假设的超级大脑，当它去"看"每一种可能的量子结果时，它就劈裂成许多种状态，但是每一种劈裂的意识仅仅知道一种实验结果。根据阿尔伯特的观点，如果你真的去做"盒子中的猫"这一实验，那么当你打开盒盖时，你将真的能看到两种实验结果，你的大脑将认为这两种结果都是真的。你的意识的这两个方面将不能相互交流它们之间关于实验结果的感觉和信条。

我几乎不能认真地对待这个问题。首先，它将意识和智力的本质问题又拉回到量子辩论中去了。其次，这看起来好像是从量子世界的核心特性——从实验结果的概率本质下面"抽走了地毯"。如果每一种可能性都被我们的一个意识真正感觉到，那么，当我们说一种结果的可能性比

---

[1]　参见《物理评论快报》，1993 年第 71 卷第 3235 页。

另一种结果的可能性大时，这到底又意味着什么呢？如果我们严肃认真地来对待这些思想，那我们将真的滑入最后的补救的境地。我们根本没法看到拿得出手的量子解释。但是，在他们提出这样一个问题——"我们关于现实的任何一个模型是否都应该严肃地对待？"之前，还有一两点应该提一下。

△　绝望中的忠告

如果你想寻找异端的话，无须走得太远，罗杰·彭罗斯就是一个。在《皇帝新脑》一书中，他问了一个合理的问题："意识对于测量的进行确实是必要的吗？"他给了自己一个合理的回答："我认为只有少数量子物理学家会同意这个观点。"（第227页）然后他便进一步去发展他自己关于这个主题的观点了。他同意这个观点：一个像电子这样的粒子实际上是在空间传播开来的，而不是集中在一点上。彭罗斯说，人们宁愿相信"概率"是在空间传播开来的，也不愿相信电子自身是这样。然而他又说，在双孔实验中，"我们必须承认这个粒子实际上同时在两个地方！根据这种观点，这个粒子实际上同时穿过了两个狭缝"。他的结论是，"我相信量子理论的谜底必定在于寻找一个更加完善的理论"，他特别提到了非局域性的迷惑。

在目前所提出的绝大多数其他的合理的量子理论解释中，非局域性是一个怪物。其中一种思想主张放弃对量子过程中所发生的任何事情的描述，例如，在双孔实验中光子是如何通过双孔的。它认为量子力学是一种纯粹的统计理论，仅仅描述大量相同测量的结果，即一个系统的结果。这种系统解释说，我们可以问这样的问题：一千个放射性原子在经过一个半衰期之后会出现什么样的情况呢？我们会得到正确的答案：其中的一半衰变了，而另一半没有衰变。但我们不能问：一个孤立的放射性原子在经过一个半衰期之后会出现什么样的情况呢？

在几十年之前，量子物理学家只能处理大量的量子实体，这种方法看起来是合理的。现在，在实验中可以使光子一个一个地发射，而观察到这些光子与其自身的相干。此时这种方法看起来就有些愚蠢了。然而，这种方法却受到伦敦皇家学院的约翰·泰勒的赞同。他说："其他解释都不能令人满意。"他还特别指出："我发现多宇宙解释是奇怪的。不，对不起，我是一个嗅觉迟钝的物理学家。既然我们不知道在其他的宇宙里发生了什么，就不要把它们加进来。"[①]

（根据我的观点）解决量子神秘性的一个更令人绝望的尝试是在 20 世纪 30 年代由约翰·冯·诺依曼完成的。这种方法指出，日常的逻辑不能用于量子世界。在乔治·布尔之后，日常的逻辑被称为布尔逻辑。乔治·布尔是一位爱尔兰数学家，他生于 1815 年，于 1864 年去世，是第一个使用符号语言和思想来描述纯逻辑过程的人。在由这些思想发展起来的数学逻辑中，术语"与"和"或"都用数学符号来表示，逻辑运算可以用数学方程写出来。解决量子神秘性的"量子逻辑"方法指出，像"与"和"或"这样的术语在量子世界中的含义与在日常生活中不同，所以让一个光子选择从哪一个狭缝通过表现出不同的逻辑意义。海因茨·佩格斯描述了将一个人的大脑用电线连起来，根据量子逻辑进行操作时，对量子世界的反应是：

[①]　参见《原子中的幽灵》第 106、109 页。

当我们告诉他们关于双孔实验的一些事时，他们仅仅是笑——他们不知道问题之所在。现在，我看到了量子逻辑的麻烦是什么——它比通常的布尔逻辑更严格。你不能使用量子逻辑，这正是你对物理世界的不可思议一无所知的原因。采用量子逻辑，就好像是当你发现了"地球是圆的"的证据时，却硬要发明一种新的逻辑来维护"地球是扁平的"这种说法。[①]

一个更加有吸引力的思想是由约翰·贝尔提出的，他说导引波理论与埃弗雷特理论之间没有什么不同。[②]埃弗雷特原始建议的核心内容是每一个观察者由一个量子"记忆态"来定义，这个观察者能够记住一个更加相干的或更加不相干的"历史"。在贝尔的讨论中，后来提到了产生多个平行宇宙的分支现实思想，贝尔认为这是一个不成功的、不必要的附加成分。他说，埃弗雷特的要点中能够拿得出手的是我们不能够进入过去，而只能进入记忆，这些记忆本身就是宇宙瞬时量子态的一部分。

贝尔说："宇宙的倍增是没有节制的，并且不用多大作用就能缩减。"他仍然保留着"用波方程来描述的一个潜在的宇宙列阵"的思想。这就像导引波理论，虽然在任何一个时刻都只有一套与波相伴随的变量是"真实的"，但波本身从未产生局域化或"缩减"。贝尔说，要求每一个宇宙都是真实的就好像是希望在充满电磁场的空间中的每一点都找到一个带电粒子。他强调指出，埃弗雷特解释将现实描绘为量子波方程各种可能的解的一个分支，不同的构形之间没有任何匹配，既然没有构形之间的匹配，

---

① 参见佩格斯：《宇宙密码》，第180页。
② 参见贝尔：《量子力学中的可说与不可说》，第15章。

那么就没有时间"流"，"就没有与一个特定的现在相匹配的特定的过去"（多伊奇就持这种观点）。

> 波函数的基本结构不是树状的。在目前的一个特定分支，过去某一时刻的一个特定分支及将来的某一个特定分支之间没有匹配。而且，这种看法似乎也是合理的：以前各种分支的融合以及由此所导致的相干现象都是量子力学的特性。在这方面，一个精确的图像不具有任何树状特性，而是像费曼所说的"对各种可能的历史求和"。

贝尔这番话并不是支持多世界思想，他仅仅是在尽量把自己的观点表达清楚。他指出："埃弗雷特用记忆代替过去的做法是极端的唯我论行为——它用模糊的感觉来代替大脑之外的万事万物……如果对这样一种理论也得严肃认真地对待的话，那么我们将很难再认真地对待其他任何事情。"但即使是贝尔本人，他也很难彻底丢掉这个思想。在他同一本书的后面（第 194 页），他说道："我差不多可以视其为愚蠢而抛弃。然而……它没准可以为爱因斯坦－波多斯基－罗森悖论提供一点与众不同的说法，因而还是有必要把它弄得更清楚一些，看一下是否真的如此。"（在同一页上）如果有人说："我从来就没有真正理解互补性，我还在为这些自相矛盾的说法而苦恼。"如果有人敢于将冯·诺依曼的"没有隐变量"的论断视为愚蠢的而抛弃掉，那他就快赞同多世界解释了。即使是贝尔本人也承认，尽管导引波理论在概念上很清晰、很简单，但它并没有解决量子世界的一个本质特性——非局域性。而任何一个真正令人满意的理论都应该能解决这个问题。

有两个原因让我回到关于多世界解释这一不同的观点：首先，在这些传统的解释当中它仍然是我所喜爱的一个。如果让我从目前存在的这些解释当中选出一个最好的，我还要选择它。其次，贝尔关于"在现实的多世界版本当中事情是如何进行的"的解释中，清楚地点明了时间在决定我们对量子世界的理解方面的地位。关于时间的处理有点技巧。这个技巧与量子世界的本质有着密切的联系，与协调量子力学的方程和现实世界的方程的问题相联系。

这已经将我们带入解决量子迷惑的一个完全不同的方法中了。从效果上看，这种方法从现实世界的规律出发，企图探索量子世界的某种真理。但是在我介绍这种新方法之前，很有必要花点时间考察一下量子力学与相对论之间的关系。任何一个描述这个宇宙是如何运作的真正的好理论（人们所寻求的"大统一理论"）都应该将这两种伟大的理论以某种方式统一起来，但这些并不是我在这里所想讨论的。（在什么地方）这两种理论看起来不相容，至少我想考察一下是在什么地方量子理论看起来与狭义相对论不相容。

△ 相对性的一个方面

是贝尔又一次将这个问题讲清楚了。狭义相对论的主要概念是物理世界和物理规律对所有的观察者都是一样的，不管他们是如何运动的（记住，在狭义相对论中我们处理的是常速运动，而不是加速运动），这就是所谓的"洛伦兹不变性"。正如我们在第二章当中所看到的，在爱因斯坦推出他的大作之前，洛伦兹并不是唯一一个研究这些现象的人。阿斯佩的实验告诉我们，我们必须放弃局域现实的概念。要么"除此之外"的宇宙并不真正存在，要么有某种超过光速的传播，爱因斯坦的"幽灵般的超距作用"出现了。贝尔提出，解决这个迷惑的"最便宜"的方式就是回到爱因斯坦之前那种相对论。这种理论是由洛伦兹等人建立的，它假设以太是真正存在的。

根据这些思想，存在着一个预先选好的参考系，由于测量仪器在运动方向上发生变形，因而我们无法测出相对于以太的运动。因为存在着一个预先选定的参考系，所以这种考察事物的方式的价值在于，它表明尽管在这个参考系中运动速度可以比光速快，但在另一个参考系中这就是一个光学幻觉。在这第二个参考系中，作用效果的传播速度比光速快，沿着时间的反方向传播。如果存在一个预先选定的参考系，那么，在那个参考系中，时钟将以一个选定的速率嘀嗒嘀嗒地运行下去，这样牛顿的绝对空间和绝对时间一下子就全部储存下来了。只有在爱因斯坦的相对论中，所有洛伦兹坐标系都是等价的，超过光速的真正意思是沿着时间的反方向传播。

贝尔发展了这些思想，这些材料构成了《量子力学中的可说与不可说》的第九章。他将爱因斯坦以前的预先选定一个参考系的思想同我们不能检验相对这个参考系的运动这一实验事实相联系，弄出了洛伦兹变换方程的这种通常的形式。所以"在两个做均匀运动的系统当中，不可能通过实验的方法测定哪一个是静止的，哪一个是运动的"。贝尔指出，爱因斯坦的相对论在哲学和形式上都不同于洛伦兹的版本。哲学上的区别在于，既然不能够说这两个系统哪一个是真正静止的，哪一个是真正运动的，那么"真正静止"和"真正运动"便失去了意义。只有相对运动才是重要的。形式上的区别在于爱因斯坦是从——对于做匀速均匀运动的观察者而言，物理规律看起来都是一样的——假设出发，以一种简洁、优雅的方式推导出了洛伦兹变换公式；而不是从实验证据出发，走了一段更长的路才达到同一个目的。就像哥本哈根解释和多世界解释对量子问题给出同样的"答案"一样，洛伦兹的相对论和爱因斯坦的狭义相对论在所有的实际情况中都给出同样的"答案"。但对于事情是如何进展的，他们给出不同解释。

贝尔的提议是革命性的还是反动的，这依赖于你自己的看法，这肯定不是当今物理学界的主流观点。正如他指出的，至少存在着一条道路可以走出非局域性的困境而不需要回到爱因斯坦以前的相对论。他告诉保罗·戴维斯说："你知道，理解这种情况的一种方式就是认为世界是超确定性的。"[①] 换句话说，一切都是预先定好的，包括实验者选择什么样的测量这类问题。如果自由意志完全是幻觉，这就使我们走出了危机。但是如果严肃认真地对待这样一个理论……

需要指出，狭义相对论并不是理解世界的最好的方式，对此我们并不感到太吃惊，因为它的名字已经告诉了我们，这不是相对论的最终理论。与广义相对论不同，它是不完备的，它没有考虑加速运动或引力的情况。

现在，我下决心不去涉及广义相对论的细节。在这里我还是要提及两个突出的特点。广义相对论根据时空的曲率来描述引力。在这个理论当中，并不是来自太阳的某种神秘的超距作用（称为引力）把地球控制在它的轨道上的。太阳是时空的一个凹陷，就好像是将木球放在一张拉紧的橡皮膜上所发生的那样。地球绕太阳的转动，是沿着弯曲时空中阻力最小的方向进行的，就像玻璃石子绕着木球在橡皮膜上形成的凹陷滚动一样。从原则上来讲，太阳（或其他任何东西）引力的影响在宇宙中向远处延伸。

---

① 参见《原子中的幽灵》，第 47 页。

当然由太阳而导致的空间弯曲会随着你的远离而减小。质量在时空中的晃动会产生以光速向外传播的波纹，就像你在上下晃动木球时，在张紧的橡皮膜上得到的波纹一样，这些波纹会改变引力的作用。这些引力波的存在是爱因斯坦广义相对论的一个预言，这个预言最近已经被对双脉冲量系统的研究所证实。在这个系统当中，两颗密度很大的星在它们相互的轨道上运动，它们以引力辐射的形式耗散掉大量的能量，以至于它们的轨道周期发生可观的改变。轨道的改变量与广义相对论的预言符合得很好。这个发现是如此重要，其发现者（赫尔斯·休斯和小约瑟夫·泰勒）在1993年荣获诺贝尔奖。

引力以光速传播，在某种意义上物体的引力影响看起来是非局域性的。根据一般的图像，引力场无时不在空间中各处延伸。这可能是几十年来常常让科学家们苦恼的另一个问题。

惯性与质量有关。在没有摩擦的空间中，你推一下物体，它将沿着你推的方向运动下去，直至碰到另一次推动为止。使一个物体的运动方向发生改变、加速或减速是需要能量的。这一点是如此重要，以至于以常速运动的观察者的洛伦兹不变参考系被称为"惯性系"。然而物体是如何知道它的运动有没有改变呢？

在一个只含有一个粒子的宇宙当中，运动将是无意义的，将没有可以用来测量运动的参考点。只要宇宙当中存在另一个粒子，那么就存在用来测量运动的参考点了。如果宇宙当中只有一个粒子，就很难看出它具有任何惯性。到底是仅仅增加一个粒子就能"开启"第一个粒子的所有惯性呢，还是随着粒子数的增加惯性逐渐增加呢？没有人知道。但是在宇宙当中，真实物体的实际行为——它们的惯性是对推和拉的响应。看起来是表明它们正在"测量"它们相对于宇宙中所有物质平均位置的速度。

在奥地利物理学家恩斯特·马赫之后，这种规律被称为"马赫原则"。当爱因斯坦正在发展他的广义相对论时，这个原则对他产生了重要的影响。具有讽刺意味的是，尽管爱因斯坦做了巨大的努力，但广义相对论实际上还是不能解释马赫原则或者说惯性的起源。更具讽刺意味的是，尽管他曾经激发过爱因斯坦对相对论的热情，但他却并不喜欢爱因斯坦的理论。迷惑仍然存在着。一个物体在被推了一下之后，它是如何立即对推力产生的影响做出鉴定，并做出相应的响应的呢？我们又回到了超距作用的幽灵的现实——不过这次不是在量子理论中，而是在爱因斯坦自己的杰作——广义相对论当中。

狭义相对论不允许超过光速的传播方式存在，它被看作是一个关于宇宙的不完备的理论。正如贝尔所指出的，狭义相对论和洛伦兹的理论出于完全相同的实用的目的。不过后者允许比光速快的信号存在。另外，广义相对论是一个比狭义相对论更令人满意的、全面的理论，看起来它自身就具有非局域性。并且，我敢保证你已经注意到了，如果马赫原则的背后具有某些真理的成分的话，那么不管物理上的以太是否存在，宇宙当中都存在一个预先选定的参考系。

我们知道，宇宙正在膨胀，预先选定的参考系由宇宙当中所有物质的平均分布来确定，在这个参考系当中，膨胀也在各个方向均匀地进行。我们也知道宇宙起始于大爆炸。大爆炸是一个大火球，它使宇宙中充满电磁辐射。这种辐射逐渐冷却，已经成为仅仅只有 3K（−270.15℃）以下温度的一些非常微弱的无线电噪声。至今宇宙中还充满着这种辐射——著名的宇宙微波背景辐射。如果一个观察者相对于宇宙背景辐射来说是静止的，那么他相对于宇宙中预先选定的参考系也是静止的（在某种意义上所有的电磁辐射都可以叫作"光")。光自身为我们提供了一个预先选定的参考系。

剧情越来越丰富了，后面我还会回到其中某些主题。不过，我首先要介绍看待量子力学古老迷惑的一种新方法。

△ 一个与时间有关的实验

时间的本质对于我们对世界的科学理解具有基本的重要性。在量子物理当中，宇宙的"未测量"态处于各种可能状态的叠加当中，从原则上来说，物理学必须同时考虑所有那些可能的状态。在由多伊奇等人所发表的多世界理论的现代版本当中没有宇宙的分支，因为所有的可能性"一直"存在着——存在无限多个宇宙，所有这些宇宙同时向前演化。量子测量的过程不是使宇宙产生劈裂，而是以不同的方式改变可供选择的宇宙，这是因为在不同的宇宙当中实验结果是不相同的——在一个宇宙当中猫是活的，在隔壁那个宇宙当中猫是死的。在实验进行之前，两个宇宙当中都各有一只活猫（事实上，直到实验完成之后这两个宇宙才成为可分辨的）。在这种情况下，拥有"时间之箭"的唯一一种意义便是世界的多种状态比其他状态更复杂。多次不同的量子测量的一个结果——复杂性存在于将来，而简单性存在于过去。

当许多粒子聚集在一起，并且允许它们之间相互作用时，与系统复杂性（描述这一特性的物理学分支称为热力学）相关的特性便产生了，这可能是使时间之箭诞生的地方。举一个经典的例子，当一个玻璃杯掉落在地上时就会被摔碎，在下落当中它所获得的能量转化为热能，使地板的温度轻微地升高。我们从来就没有看到过相反的过程：地板将能量传输给玻璃杯碎片，将它们重合黏合起来，然后使玻璃杯再回到桌上，同时地板的温度轻微地降低。然而在原子和分子水平上，不管是牛顿的还是量子的动力学方程都是可逆的。

复杂性、时间之箭以及秩序如何产生于混沌，这些已经被普里戈金很好地描述过。普里戈金于1917年生于俄国，12岁到了比利时，他于1977年获诺贝尔化学奖。他曾经花了很长的时间来提出一种关于宇宙如何运作的新解释。普里戈金已经发展了非平衡系统的数学模型。他的这项工作与生命的起源和演化直接相关，也可能与在量子测量过程当中发生了什么迷惑具有直接关系。

普里戈金的主要观点是，从实验中得到的、基于复杂系统行为的热力学定律是真正的现实，小球碰撞这一具有明显时间对称性的行为仅仅是现实的一个近似（相互碰撞的小球是描述原子如何运动的一个朴实的模型）。需要唯象地来考虑的是热力学的定律，而不是牛顿（或者薛定谔）的定律。当一个系统可以用牛顿方程精确描述时，这个系统就是"可积的"。单个行星围绕一个星体的轨道是可积的，结果我们就可以计算出这个星体在将来或过去任一时刻的位置，只要目前用来描述轨道的参数和行星的位置给定。但只要在这个系统当中增加一个物体，"三体"问题便产生了，这些运动方程便不再是可积的。

涉及多体问题时，不仅仅是数学方程变得更难解了，而且不可能精确求解，即使在原则上也是如此。通过一些小步骤，对三个物体在将来某个时刻的位置作合理的近似计算是可能的。你所需要做的便是假定其中的两个是静止的，计算出在它们引力的共同作用下另外一个是如何运动的。在"让它静止"之前你只能让它运动一点点，然后计算出其余两个物体之一在下一个时刻的位置。然后再以同样的方式计算第三个物体的位置，如此等等。这是一个冗长乏味的过程。即使拥有快速的计算机，也不可能是完全精确的。实际上，这种做法在计算太阳系中行星的轨道时是十分有效的。这是因为太阳是如此之大（事实上，它比把太阳系所有的行星加在一起还要大），以至于在计算中它的影响占了绝对优势。如果其中一个行星的质量与太阳一样大，那么即使是近似计算，也将变得难以进行。当你以不同的顺序进行操作——先让其中的两个静止，计算第三个下一时刻的位置时，你便会得到不同的"答案"。事实上，没有办法精确地预言三个物体的轨道随着时间如何演化。类似的，没有办法精确地计算出它们是如何从过去演化到现在的（更不用说那些比我们的太阳系还要复杂的系统了）。

当只涉及三个相互作用的物体时，那也是真的。请记住，一只猫包含的粒子数高达 10^{26} 个，而不仅仅只有三个。这些漂亮的、关于时间对称的量子理论方程可以应用到相互作用的两个或三个实体，但根据普里戈金的观点，"不可积性"是任何实际的复杂系统的一个基本特性。如果某物体是不可积的，那么便不可能沿着时间往回绕去追溯它的过去，即使在原则上也是如此。即使是地板中的原子协调行动，将能量输给破碎的玻璃片，同时其温度降低，破碎的玻璃杯也不可能被重建起来。

在某种意义上，普里戈金的方法是将人们带回到考虑像原始的哥本哈根解释之类的东西。他说，与物理学相关的事情就是使用实际的、"经典"的设备（盖革计数器等），而对于设备当中的一些问题，我们只能以近似的方式来理解。这正如阿拉斯泰尔·雷所说的：

> 根据定义，我们从来没有接触过可逆的、没有被检测过的纯的量子"事件"。经典物理学建立在不容置疑的假设基础上。这个假设的内容是，尽管事件是可逆的，但人们总是可以说发生了什么事情。

即使是爱因斯坦的相对论，也广泛地依赖于信号的发送。信号的发送是明显不可逆的测量型过程。当我们试图去构建一个超越了对可逆领域的各种可能观察的图像时，我们也许不应该感到吃惊，我们的模型涉及一些明显的自相矛盾，例如，波粒二象性和在 EPR 实验中观察到的空间非局域性。[1]

这都是一些迷人的新思想。这些新思想远没有被广泛地接受，但它们必定会成为下一个 10 年当中争论的主题，必定会以某种方式得到发展。需要强调的是有这种可能性，在哥本哈根解释当中，"测量"决定了量子世界跳跃的方式，在我看来，困难就在于这里还没有一个关于非局域性的真正令人满意的解释。在雷提到的那个 EPR 实验中观察到了非局域性。我们将对量子世界感到吃惊，但在普里戈金的方法当中没有非局域性的任何迹象，然而在双孔实验和阿斯佩实验当中揭示的非局域性是量子神秘性的核心。正如诺贝尔奖获得者——剑桥大学物理学家布赖恩·约瑟夫森曾经评论道："在现实世界中违背贝尔不等式的实验证据是近期物理学中最重要的发展。"[2] 然而在你描述测量活动时，对光子 A 的测量同时决定了光子 B 的状态，尽管光子 B 可能位于宇宙的另一面。

所以，普里戈金的理论并不是最好的。但我确实同意可递性、一些基本方程的时间对称性对判定描述"量子世界"的一个理论是好理论来说是最重要的。这里引用了普里戈金的另一个特别合适的评论："一个基本粒子，与其名字相反，并不是一个'给定'的物体，我们必须创建它。"[3]

---

① 参见《量子物理》，第 109 页。
② 参见《原子中的幽灵》，第 45 页，全文未引用。
③ 参见《量子物理》，第 109 页，全文未引用。

我们所"知道"的关于量子世界的一切都是基于现实世界中事物的相干和观察。物理学家研究模型，（他们希望）这些模型是对现实的某种近似。然而他们却往往忘记区分模型与现实。当在考虑世界运作方式的时候，我们的先入之见和文化背景使得我们考虑问题的方式带上了某种相应的色彩。为了真正理解我们对量子世界到底知道些什么，我们确实应该花点力气去理解"理解"自身到底意味着什么。别担心，我并不想去研究神秘主义、哲学和心理学中这些模糊不清的东西。是各种"量子世界"确定了什么是最好的理论，以及为什么是。在评价这些"量子世界"之前，在最广义的意义上考察一下我们是如何思考问题的，仍然是非常有价值的。

第五章 | **思考之思考**

物理学家的世界是由光子组成的，这在两个层次上是正确的。首先，普通事物是由原子组成的。为了了解我们周围的事物以及我们自己身体的活动情况，我们不需要过分地担心精细的实体。原子几乎是一个空的空间，它是由电磁力通过交换光子而聚在一起的。一个典型的带正电荷的原子核直径大约为 10^{-15} 米，而原子比这要大 10 万倍，即大约为 10^{-10} 米。如果说原子核直径是 1 厘米，那么从原子核到其周围外层电子的距离整整为 1000 米。根据量子电动力学理论，原子的外层部分，即其与其他原子相互作用的部分，是纯粹由电磁力或通过交换光子而聚在一起的电荷或电子组成的。

对我来说，我现在正在打印这些文字的计算机是一个实体。而实际上，它是连接几个微小的且分离的量子实体的电磁力网，即一个相互作用的光子结构。但当我说，我"觉得"计算机是一个实体，或我"看到"计算机是一个连续的整体时，这意味着什么呢？

当我们感觉到任何事物——当我在计算机上敲键盘时我的手指感觉到

一个反作用——我们实际所感觉到的是事物内的电子与我们指尖的电子的相互作用。当我们看到事物时，很显然我们是利用光子与我们眼睛的原子（或更准确地说，我们眼睛原子的外层部分的电子）的相互作用而看到它们的。当我们所感觉到的和看到的（或听到的、闻到的、尝到的）信息传到我们大脑时，它们是利用电脉冲沿着神经网络传输的。如我们所知，这些穿过空隙的神经脉冲称为神经元的突触，它们是通过化学反应而激发的。而化学反应本身是一个涉及原子外层的电子并且由电磁场的量子过程驱使的过程。我们大脑本身的工作取决于类似的化学过程，即取决于光子的交换。

由于这些限制，人类的感觉是不适合探索原子内部的量子世界的。粒子不能够被直接地看到、尝到、闻到或接触到，而它们的相互作用能够借助于多少有些复杂的仪器而探测到，它们的性质能够通过仪表、图表或计算采集的数据而推断出。甚至当我们说现在我们有可能"看到"电磁场所俘获的单个原子时，实际上是指我们能够看到从其所在位置发出的有颜色的光线，根据存在我们称为原子的某种实体来解释，其结构由多次实验和借助这类或那类仪器的多次观察而推断出。这种我们称为原子的实体实际上是一个理论模型。我所谈到的构成一个原子的所有事物——带正电荷的原子核、电子包及起交换作用的光子——是一个能够解释以前的实验观察并有可能预言将来实验现象的自洽理论的一部分。对一个原子是什么的理解在过去的几百年里发生了多次变化，今天在不同的情况下采用不同的物理图像（不同的模型）仍然是有用的。

"原子"的名称来源于古希腊的一个最终的、不可分离的物质部分的概念。直到 19 世纪末，研究表明原子不是不能够分离的，它的一部分（电子）能够从原子中分离出来。后来，一个模型描述原子是由原子核和电子组成，电子绕中心处的原子核转动，这就像行星绕着太阳转动一样。这个模型能够很好地解释电子怎样从一个轨道"跳到"另一个轨道，伴随着电磁能量的吸收和辐射，并产生与那种原子（元素）相应的特征谱线。再后来，电子为波或概率包的概念变得流行起来（因为这些概念能够解释用其他模型无法解释的原子性质），因而对一个量子物理学家来说，古老的轨道模型必须放弃。但这并不是说原子"实际上"是由电子概率包所包围，而其他的模型是无关的。

当物理学家关心普通意义上的气体的物理性质时，例如气体对容器壁的压力，他们更乐于把气体看成是小的、硬的"弹性球"。当化学家通过燃烧某一样品并分析其产生的谱来确定物质的成分时，他们更乐于采用电子绕原子核转动的"行星模型"。然而尼克·赫伯特在他的《量子真实性》一书中放弃了这个模型。

当我的儿子问我世界是由什么构成的时，我肯定地回答："说到底，物质是由原子构成的。"然而，当他问我原子像什么时，我无法回答，尽管我花了一生的时间来探索这个问题。作为一个原子"专家"，每当我为学生画出一个原子的行星图像时，我觉得我是多么不诚实，因为在他们的祖父年代里，就已经知道这是错误的。[1]

行星模型那时是错误的吗？现在是错误的吗？不！至少比起其他的原子模型这不是错误的。赫伯特对他自己也太残酷了，对先辈们太残酷了，对整个物理学界也太残酷了。就像弹球模型在其限定的范围内是适用的一样，行星模型在其限定的范围内也能给出完全满意的结果。任何原子模型从其不能够表征关于原子的独特物理性质的意义上说都是错误的，然而只

---

[1]　参见尼克·赫伯特：《量子真实性》，第 197 页。

要它们能够处理原子世界某些方面，它们就是对的、是有用的。

关键之处在于我们不仅不知道原子"实际上"是什么，而且我们永远不能够知道原子"实际上"是什么。通过一定的方法探测，我们发现在某些情况下它"像"弹性球。用另外的方法我们发现它"像"太阳系。再问第三组问题，我们得到的答案是它"像"一个带正电荷的原子核被模糊的电子包所包围。所有这些是我们从日常世界到建立一个原子是什么的图像过程中的想象。我们建立一个模型或一个物理图像，然后我们常常忘记我们做了什么，并混淆物理图像和现实实在。因而当一个特定的模型不能够应用于所有情况时，甚至像尼克·赫伯特这样受尊敬的物理学家也掉进了称为"错误"的陷阱。

物理学家建立量子世界模型的方法是基于日常经验。我们仅能够说原子和亚原子粒子"像"我们已知的某种东西。对一个从未见过弹性球的人，描述原子像弹性球是徒劳的，或对一个不知道太阳系是如何运行的人，描述电子像行星轨道如何转动也是没有用的。

类比和建立模型只是间接的过程，例如，就像我们试图解释在晶格中原子和原子之间如何相互作用的情形。在这样的晶体中，原子被电磁力约束成几何阵列形式。如果一个原子离开其位置，那么在其周围的电磁力作用下，它被推向或拉回原来位置。一个有用的类比是设想所有的原子通过小弹簧与其邻近的原子相连。如果某一原子离开其位置，电磁力就像假想的弹簧，其一端被伸长，将原子拉回原来的位置；同时弹簧的另一端被压缩，把原子推至原来的位置。我们似乎发现了一个很好的模型，可将电磁力在某些情况下看成是一个弹簧。

弹簧是什么呢？日常生活中最常见的弹簧是一根金属丝弯成盘旋状或螺旋状。在螺旋状的情况，照字面上说它是钟表机构的一个元件，是物理学家典型的实际模型，这使类比很吸引人。当我们推弹簧时它向后推，当我们拉弹簧时它向后拉。为什么？因为它是由通过电磁力而聚在一起的原子组成的！在我们推或拉弹簧时我们所感觉到的力是电磁力。所以当我们说在晶体中原子之间的作用力像小弹簧时，我们是在说电磁力就像电磁力。

原子是一个如此熟悉的概念，因此，就像这个例子所表明的那样，在某些时候不容易看到这个建立模型过程起作用。当我们看一下物理学家是如何建立亚原子世界的标准模型时，这个过程变得很清楚。很多情况下，不能简单地从日常世界中找出类比，而是从对日常现实理解的二手材料中寻找类比。在原子核（为简单地描述原子它被看成一个带正电荷的弹性球）中，我们发现在某种意义上粒子"像"电子，力"像"电磁场那样作用。但是，电子和电磁场本身被描述成"像"日常世界中的东西，例如弹球，或池塘中的波等。现实实在是我们使它成为这样——只靠模型能够解释所观察到的现象，它们就是好模型。但是在人们有能力"发现"电子、质子和夸克之前，是否真的是电子和质子在原子中而夸克在质子中等待去发现呢？还是在量子水平上，是否更可能是现实实在本质上不可理解的方面正处于困境而为方便被冠以像"质子"和"夸克"之类的名称呢？

△ **构造夸克**

这个问题是由爱丁堡大学安德鲁·皮克林在他的巨著《构造夸克》一书中提出的。在这本书的前言中他说："这里所采用的观点是：夸克的现实性是粒子物理学家实践的结果，而不是相反的结果。"这就是他给出这本书题目的原因，在这里我借用了他的论点的总结。

大多数物理学家所赞成的标准模型认为世界是由四种基本粒子和四种基本力所构成的。总的图像有点复杂，因为粒子（虽然不是力）似乎有四种，构成三"代"，每一代粒子性质相关而质量不同。但就通常的原子而言，四个"第一代"的粒子足够解释一切。电子本身是这些基本粒子之一，与电子关联的粒子称为电子中微子，它们统称为"轻子"。然而，原子核中的质子和中子不能认为是最基本的粒子，它们是由夸克构成的。夸克是基本粒子。在第一代中（与第一代的轻子对应）它们分成两类，称为"上"和"下"。名称没有什么意义，只是物理学家给它们的编号。这两种夸克也可以称为"爱丽丝"和"鲍勃"。

　　根据标准模型，一个质子由两个上夸克和一个下夸克来构成，它们由一种基本力结合在一起。而一个中子是由两个下夸克和一个上夸克所构成，以类似的方式结合在一起。因为一个上夸克（除了其他特性）带有一个电子的 2/3 的正电荷，而一个下夸克带有一个电子的 1/3 的负电荷。质子带有一个单位的正电荷（2/3＋2/3－1/3＝1），而中子不带电荷（2/3－1/3－1/3＝0），即呈中性。

　　除了存在着使夸克结合成质子和中子、使质子和中子结合成原子核的强相互作用力，也存在着弱原子核力（按逻辑，称为弱相互作用力），使原子核具有辐射性。另外两种基本力是万有引力和电磁力。夸克"像"电子，强和弱力"像"电磁力；通过交换"像"光子的玻色子起作用。在许多情况下，这是一个简单和富有吸引力的模型。根据在实验中所给出的预言证明是很有效的。牛顿肯定会赞成它，但是物理学家是怎样构造出这样一个亚原子模型的呢？

　　皮克林强调的一点是任何理论都不完备。的确，原则上可以设想出任意数量的理论，每一个理论解释特定一组实验事实。物理学家从不好的理论中挑选出好理论的方法之一是用最少的假设解释最多的事实。但是，正像我们在第四章中见到的那样，它仍可能留给你从多种解释中挑选的机会。按照这种方法某些理论仅仅被看作不如其他理论合理而被抛弃掉，但是任何合理性的提及就意味着一个判断。量子解释的例子再次表明科学判断是多么人为的和沉重的。最为重要的是，纵观科学史，没有任何单一理论能够解释所有的实验事实。很多物理学家声称他们正在寻找一个能够解释一切的理论，或称统一理论；但是如果借鉴一下历史，就会发现他们的研究必将失败。理论和实验总存在着某些方面的差异，这再一次证明，存在一个主观选择以判断哪些差异能够容忍，哪些意味着放弃某一理论。

当然，由于实验本身难免是有错误的，可能会产生与理论的差异。科学家解释某一实验结果（特别是用来探测质子结构的那类实验）的方法在很大程度上取决于他们对实验如何进行理解，理论的任何不完善可能反映在实验本身的不完善之中（至少是我们对实验的理解）。因而科学家须再次判断他们正在测量的是什么。正如皮克林所指出的那样，像粒子物理这样的学科总存在着背景"噪声"的问题，另外还存在着其他能够模拟实验学家正在观察的效应，如果可能的话，这必须排除掉。这就像排除掉收音机接收器所接收的背景"噪声"（或"静音"），并使接收器精确调谐到你想要收听的信号。物理学家的确称他们试图要研究的特性为"信号"，就像他们称背景干涉为噪声。要想排除掉任何噪声是不可能的，因而这又出现一个主观判断什么时候实验足够好，而剩余噪声可以忽略的问题。

但是，成功孕育着成功。一旦一个理论被证明（或认为是）能够很好地描述事物的规律，它将排挤掉其他理论，这些理论将不再受人注意。光的理论发展即为这样。自牛顿后，粒子学说主宰了一个世纪。但随着扬和菲涅尔，以及随后的麦克斯韦的工作，波动学说排挤掉粒子学说。然而，今天我们看到这两个学说都是对的。夸克理论现在还未像光的波粒二象性理论那么复杂。皮克林说："通过把夸克等模型解释为实实在在的实体，对夸克模型所做的选择似乎没有问题：如果夸克确实是世界的基本构造单元，那么人们应该去探寻其他可选择的理论吗？"——即使其他可选择的理论也能够解释所有的实验结果。[①] 大多数物理学家忘记标准模型只是一个模型，这是很危险的。质子表现行为像含有三个夸克，而不是证明夸克"确实存在"。

威廉·庞德斯通在他 1988 年出版的《推理的迷宫》一书中写道：

> 科学家必须谨防非形象化的术语。夸克是假想的实体，说是存在于质子、中子和其他亚原子粒子中。夸克实际是没有的。不仅孤立的夸克从来没有观察到，而且（在大多数理论下）一个孤立的夸克是不可能的。如果质子能够分裂，夸克是质子将要分裂的粒子，而质子是不能够分裂的……有人疑惑是否（夸克的假想性质）可能我们把还没有理解的一个简单现实人为地复杂化了。或许某天某人会发现事情到底怎么样，那时我们将意识到现在的物理是描述这个现实的一个歪曲方法……答案不在天上，而在我们的头脑中。

庞德斯通只部分地评价了这个物理所论及的一切。他没有把质子、中子及其他亚原子粒子也是通过我们的模型来反映现实的假想实体这个事实联系起来。是的，有可能存在更简单的方法建立模型来解释现在习惯用夸克模型来做解释的物理现象。但是那不是现实"实际上"是什么的方法，

---

① 参见安德鲁·皮克林：《构造夸克》，第 7 页。

而只不过是另外的模型，这就像根据你想要解决的问题，麦克斯韦波动方程和爱因斯坦光子理论都是描述光现象的很好模型，以及原子的弹球模型和行星模型也都是很好的模型一样。

正如我前面所解释的，整个物理学是在类比和建立模型的基础上去解释我们探测不到的物质世界是如何运行的。在 20 世纪 60 年代和 70 年代间建立粒子世界的标准模型过程中所取得的巨大进展是来自下列两个类比：其一是采用原子核是由质子和中子组成的模型，进而延伸到质子和中子是由夸克所组成的模型；其二是采用电磁力通过交换光子而传递的解释，进而延伸到夸克间的相互作用力是通过交换像光子一样的粒子。由于其与量子电动力学（QED）的类比是如此准确和精细，这个强（或"色"）相互作用的标准理论被称为量子色动力学（QCD）。这里的"色"是因为相互作用所涉及的某种颜色的粒子被冠以颜色的名称，就像"上"和"下"夸克一样，这里的色也是任意的约定，并不表示粒子如我们平常所看到的那样带有颜色。

夸克理论并不是一下子就引起注意的，它开始时并不成熟，并且不是一下子就把反对者扫到一边。在物理学家中它慢慢出现，几乎与他们很好的判断相背立。两位理论物理学家几乎在 20 世纪 60 年代初期同时独立地提出这个想法，但没有一位出来为新理论做宣传。其中一位夸克理论的提出者是美国物理学家默里·盖尔曼（1929 年出生于纽约）。他提出了夸克这个名称，名称来自詹姆斯·乔伊斯的《芬尼根的苏醒》（*Finnegans Wake*）中的诗句。他在加州理工学院工作，已经是很有声望的、世界上最伟大的理论物理学家之一了。他已成功地将物理学家已知的粒子按照其性质进行了分类，并且预言了将要发现的粒子的性质。这很类似于德米特里·门捷列夫在元素周期表中把化学元素加以分类，并预言了 19 世纪将要发现的化学元素的性质的方法。这是另一个类比的重要性的例子，也是科学的传统性。

对排列图案的研究也使盖尔曼意识到，质子和中子的许多性质可以依据三个基本粒子（现在我们称之为夸克）不同的组合方式来解释。盖尔曼几乎是不情愿地于 1964 年在《物理快报》杂志上发表了这个想法，论文仅两页。他不情愿发表的一个原因（这也是大部分物理学家几年内不愿意认真地接受夸克的原因）是三个粒子应该具有电子电荷的分数倍，而电子电荷在那时被确定是最小的电荷单元。今天没有人担忧夸克具有电子电荷量的 2/3 倍或 1/3 倍，但是在 1964 年"任何人都知道"这是不可能的。所以盖尔曼几乎以放弃他自己想法的方式总结了他的论文。他建议，实际上，三个粒子能够很好地解释质子和中子的性质只不过是数学技巧而已，是一种处理质子和中子某些性质的方法，并总结道：

> 如果夸克是有有限质量的物理粒子（想象而不是纯粹数学意义上的实体，因为它们的质量会趋于无穷大），想象一下夸克的行为方式会很有意思的……在很高能量加速器中寻找具有 $-1/3$ 或 $+2/3$ 电荷的稳定夸克，或者寻找具有 $-2/3$ 或 $+1/3$、$+4/3$ 电荷的稳定双夸克会有助于让我们确信实际夸克是不存在的。[1]

甚至"发明"夸克的理论家也相信夸克只是虚构，而实际是不存在的！起初听起来并不很奇怪。盖尔曼"发现"夸克的方法是相当数学化的和相当难理解的。他发现方程的某些特征可以通过把质子和中子看成是由

---

[1] 参见《物理快报》，1964 年第 8 卷第 214 页。

三粒子组成的方法来得到解释，但是，他不是从认为这三粒子是物理上存在的粒子，而是从数学上的目的开始的。

甚至发明夸克的另一位理论家认为他的创造比较实在，但他发现发展这个思想不是继续他生涯的最好办法。乔治·茨威格1937年出生于莫斯科，后移居美国。1959年在密执根大学获得学士学位，然后在加州理工学院开始研究工作。他首先作为一位实验物理学家，3年后失败转向理论研究，在理查德·费曼指导下攻读博士学位。如同盖尔曼，他意识到像质子和中子等粒子的性质能够通过把它们看成是由其他三粒子的组合来解释。他把这三粒子称为"骰子点"。但是，或许因为他相对年轻并且刚进入粒子物理领域（因而他不易受传统约束而保守），他更倾向于大胆设想，并且认为这些实体是物理上的实际粒子。

1963年，茨威格转到欧洲核子研究组织，即欧洲核子研究中心（CERN），在那里他完成了他的论文，并把他的发现写成论文准备发表。论文是在1964年发表的，在论文中茨威格总结道："鉴于我们处理这个问题方式粗糙，我们所得到的结果似乎有些不可思议。"

物理学界大多数人似乎赞同他的观点，但是并不认可茨威格的洞察力，而是认为他有些古怪。1980年，在一次国际会议上他说道：

> 理论物理学界对骰子模型的反应总的来说是不友好的。要想得到以我想要的形式发表的欧洲核子研究中心报告是非常困难的，最终我决定放弃。当一所一流大学的物理系考虑要任命我时，一位资历很深的理论学家——理论物理界最受尊敬的代言人之一——在一次学校会议上阻止对我的任命，他激烈地争辩道："骰子模型是一个'冒充内行者'的工作。"

茨威格不同于盖尔曼，在他的长达 24 页的"初印本"的原稿中详细地记述了三粒子思想的结果的事实。

不公正到此还没有结束。盖尔曼由于对基本粒子的分类和发现它们之间的相互作用的贡献，于 1969 年获得了物理学诺贝尔奖，这个奖项无疑是正确的。但是到 1969 年夸克理论还没有被人们完全接受，而且在奖项的引述中没有特别地提及此项工作。到夸克理论被人们完全接受并成为标准模型一部分时，再给盖尔曼第二次诺贝尔奖荣誉是不合适的，并且诺贝尔奖评委可能会觉得在不包括盖尔曼的情况下不能给茨威格授奖。对于一个第一次指出夸克可能是物理上实际存在的、第一次详细而清楚地说明了其含义、指出了现已成为粒子物理的标准模型的方法的人来说，没有获得诺贝尔奖是不正常的。当然没有人曾声称诺贝尔奖是相当公正的，并且只根据贡献的大小来决定的。

夸克理论，只有在实验物理学家在涉及粒子之间相互碰撞（例如电子被质子的散射、光子之间的互相碰撞）的过程中去探索质子的结构时才会引起更大的重视。这不像人们起初所认为的那么简单，因为不管质子是不是由夸克组成的（以下关于内部结构的讨论同样适用于中子，但是实验物理学家实际上是对质子进行实验的，因为它们所带的正电荷能够使它们被磁场所作用，而且能够把它们加速到很高的能量），质子在本质上要比电子复杂得多。

在量子电动力学中电子被看成是一个被"虚"光子、电子－正电子对以及其他所包围的点。电子的磁矩是通过考虑这种更复杂（或"高阶"）的可能性而相当精确地计算出来的，项的阶数越高对计算的修正越小。由于质子带正电，它也涉及这种类型的电磁相互作用，而且可以以与计算电子磁矩同样的方法计算质子的磁矩。但是质子不同于电子，它能"感受到"

强作用力。甚至在理论物理学家意识到强作用力是涉及夸克之间的相互作用之前，他们就已经知道正是通过质子和中子之间的相互作用才使原子核聚在一起的，并且他们能够研究它的某些性质。通过与量子电动力学类比，他们发现质子应该被其他粒子团所包围，这些粒子包括质子–反质子对、中子–反中子对，以及被称为介子的力传递者（等价于光子的强场）。但是这有重要的不同，在强场的情况下，在计算的高阶项随之变得复杂，这些额外的力不变小。在量子电动力学中高阶项是一个小的修正量，与它不同，此时高阶项变得与"虚"质子本身一样重要。根据量子场论，其结果是质子必须被看成是一个有相互作用的虚粒子组成的复合体，其范围延伸至强作用力的范围，幸运的是这个范围仅大约为 10^{-13} 厘米。

质子结构的实验探索取决于一个好的电子理论——量子电动力学本身。仅仅因为理论物理学家相信他们了解电子，并且电子确实能被看成点状物体，他们才能够通过研究电子被质子散射的规律来探索质子本身的结构。当高能（即快速运动的）电子在加速器中相互碰撞时，它们趋向于大角度散射，它们就像硬的物体（例如弹性球）那样相互弹起。然而，当电子被质子散射时，它们通常以小角度反射，这就像被软的物体散射，仅给电子以轻轻的碰撞。这两种类型的相互作用被称作"弹性"和"非弹性"散射实验。这些实验表明质子确实具有 10^{-13} 厘米的直径，这给场论理论家以极大的支持。但是自然界对实验物理学家所提出的问题给出的"答案"仍取决于所采取的实验以及测量什么的选择，就像哲学家马丁·海德格尔所写：

实验物理学，在向自然界探寻问题时使用实验仪器，而现代物理学恰恰相反。已成为纯理论的物理学要求自然界根据预言的规律表现自己，因此，仅为了探寻自然界怎样按照科学所指定的规律发展而建立了实验装置。

与 20 世纪 60 年代初期两人以不同的道路发现（或发明）了夸克的方法相呼应，60 年代末期两位场论理论学家同样发展了不同的方法用来解释散射实验中的详细结果。其中一位是斯坦福大学的詹姆斯·布约肯（James Bjorken），与盖尔曼的方法相同，他从数学的角度提出了方法。他对这些现象的解释数学上是成功的，但是皮克林指出"它们是晦涩难懂的"。[①]另一个方法是由理查德·费曼提出的，他的方法是容易理解，并且很有洞察力。

费曼方法最伟大之处在于，除发现物体（例如原子）是由什么组成的，它也能让物理学家以传统的方法讨论这些现象。费曼在 20 世纪 60 年代中期提出了这个想法，并于 1969 年发表。不需要事先判断夸克是否存在，他提出了一个广泛的方法，用以解释当高能电子在质子中探索或两个高能光子相向碰撞时发生的情况。

费曼的出发点是质子必须是一群粒子的场论思想。与量子电动力学的严格类比表明它应该是一个由质子、中子和它们的反粒子，以及介子组成的小球。夸克理论指出质子应该是由三个基本夸克组成，而夸克与它们自己的虚粒子团相关。为包括这两种可能性，费曼有意地佯装不知地称质子的这些内部元素为"部分子"。但是他意识到在单个碰撞事件中这个复杂性起不了什么作用。当一个电子轰击一个质子时，它可能与一个部分子交换一个光子，当电子被反射后这个部分子再被收回，这就是电子对质

---

① 参见皮克林：《构造夸克》，第 132 页。我很高兴有皮克林的这个观点，因为对我来说它们确实是难理解的，不过我的数学家朋友说它们确实有效。

子（或质子对电子）的影响。当两个质子相对碰撞时，那么从这两个质子在一系列像点一样弹性碰撞事件的相互作用中单个部分子会发生什么呢？布约肯计算表明（对专家而言）一个特定数学框架能够解释质子的散射规律，然后他说（几乎是一个事后的想法）给出这个数学框架的一个方法会是质子包含像点一样的粒子，费曼指出如果质子包含像点一样的粒子，那么这能够导出解释散射实验的数学描述。

皮克林争辩道，之所以费曼的方法获得胜利，并且引起进一步的实验以建立理论物理学家满意的夸克"实在性"，是因为它沿着一条学界认可的和容易理解的传统道路行走。理论学家有一个准备好的经典类比，这就是 20 世纪初期探测原子结构的实验。粒子物理先驱欧内斯特·卢瑟福用所谓的 α 粒子（现在知道为氦原子核）轰击原子，他发现某些 α 粒子以大角度散射，这表明在原子的中心（它的核）有一个硬的像台球状的东西。20 世纪 60 年代的实验表明电子有时被"软"的质子以相当大的角度散射，费曼模型根据在质子内存在着硬的且像台球状的实体对此做了解释。

标准模型过了几年的时间才被广泛认可，但是一旦物理学家沿着这条线索思考，整个过程就是不可避免的。下面两个类比会无法抗拒地产生：原子的核模型和光的量子电动力学理论；质子的夸克模型和强相互作用的量子色动力学理论。皮克林说："类比不是从多个中选择一个，而是排除一切的基础。没有类比就不会有新的物理。"[1]

量子力学本身也是类似的。的确，除了类比我们很难看到量子物理还有其他什么——波粒二象性是一个经典例子，在那里我们用两个互不相容的、适用于同样量子实体的类比去努力"解释"我们不理解的东西。

---

① 参见皮克林：《构造夸克》，第 407 页。

但是皮克林也提出了另一个有趣的或许令人困扰的问题。建立粒子物理标准模型的道路是不可避免的吗？它是世界运行规律真正的（或唯一）的理论吗？他指出，在导出标准模型的诸多理论中，没有一个是完善的，粒子物理学家必须继续选择哪一些理论需要放弃，哪一些理论需要发展以更好地符合实验。他们选择的要发展的理论也影响选择哪些实验。这一相互影响的决定导致新的物理学。新的物理学是由此而被创造的文化产物。

　　科学哲学家托马斯·库恩已经把这个学说用到他的逻辑推论。他强调如果科学知识确实是文化的产物，那么在不同世界中（不同星球上，或同一星球上不同时代）的科学界会认为不同的自然现象是重要的，并会用不同的理论方法（使用不同的类比）解释那些现象。来自不同科学界（不同世界）的理论将不能够互相验证，以哲学家的术语来说将"无法比较"。

　　这与大多数物理学家考虑他们工作的方法是对立的。他们设想如果我们能够与另一个星球的科学文明相接触，然后假设语言障碍能够克服，我们会发现不同的文明对世界解释与我们关于原子本质的观点都是一致的：存在着质子和中子，以及电磁力作用的规律。的确，许多科幻故事指出科学是通用的语言，与外来文明建立通信的方法是通过描述，例如用元素的化学性质、夸克的特性等来建立共同基础。如果发现外来文明对原子有完全不同的概念，或根本不具有原子的概念，那么，试图发现共同基础，这从一开始就注定要失败。

　　作为科学通用语言的概念通常归结为数学这个有力的表达方式。许多科学家评述数学作为描述宇宙工具似乎是一种神奇的方法。阿尔伯特·爱因斯坦曾经说过："宇宙最不能理解之处是它是可以理解的。"我有时被下面的事实所迷惑：怎么可能让一个普通人在其一生中对宇宙了解得这么多，以至于以这样的方式去理解宇宙呢？现在我想这毕竟不神秘。皮克林说，他是在通过一个望远镜的错误一端去看这个疑惑。他引用英国量子理论学家兼英国教堂牧师约翰·波尔金霍恩（John Polkinghorne）的话说："关于世界的一个重要事实是我们能够理解它，并且数学是物理科学的完善语言。总之，科学是完全可能的。"①

但是皮克林下列论述是错误的。

科学家发现这个世界是可以理解的，并创造出描述世界的理论。这毫无问题，在给定的文化背景下，在他们的历史长河的任何点上，除非是极其无能，否则没有任何情况能够阻止物理学界的成员给出对现实世界可以理解的描述。而且，考虑到他们在复杂的数学技术方面所受的训练，粒子物理学家使用数学语言来描述现实世界时，并不比普通人使用母语更困难。

换句话说，数学是描述宇宙的最佳语言，这与英语是写剧本的极佳语言同等重要。正像皮克林和库恩所说："如果对世界的看法确实是文化的产物，那么对量子世界有不同的解释就不应该有什么惊讶。"在进一步发展这个论点之前，或许其他科学领域中的一些例子能有助于说服你，我们能够用数学描述宇宙，并且我们对用数学来描述现实在很大程度上（或许整体上）是一个选择性的问题，这并不令人感到惊讶。

---

① 这一句话及下一段摘自皮克林：《构造夸克》，第413页。

△　认识爱因斯坦

数学在描述世界时非常强有力，我自己经常提到的一个例子是：对19世纪数学家而言与实际宇宙无关的纯抽象几何概念恰好构成了阿尔伯特·爱因斯坦广义相对论的基石。有趣的是，爱因斯坦本人起初并未意识到这点，所以在他看到能够用19世纪的数学来建立他的广义相对论模型的曙光之前，他不得不强迫自己去研究19世纪的数学。

爱因斯坦广义相对论的关键之点是弯曲时空的概念。但是爱因斯坦既不是这个时空几何概念的创造者，也不是第一个设想出空间可以弯曲的人。理解爱因斯坦两个相对论理论（包括狭义相对论和广义相对论）的一个简单方法是使用几何学语言。正如我们在第二章中所见到的那样，空间和时间是一个四维整体，即时空的一部分。处理匀速运动的狭义相对论理论可以根据一个平坦的四维表面来解释。例如描述像时间膨胀和运动物体缩小等现象的狭义相对论方程，在本质上是熟知的毕达哥拉斯法则推广到四维情况下的方程，一个细小的差别是时间使用负的系数。

一旦我们掌握了这点，就不难理解爱因斯坦的广义相对论理论，即万有引力和加速度理论。我们过去所认为的宇宙中物体（例如太阳）引起的力是由于时空结构的变形所造成的。例如，太阳在时空几何空间中引起一个下凹形弯曲，地球绕太阳运行的轨道是由于地球在弯曲的时空坐标中沿着最短的路线（即短程线）运动的结果。

当然，要想得到详细的运行轨道需要几个方程，这可以留给数学家去处理。物理惊人地简单明了，这种简单性经常被认为是爱因斯坦的"独特性质"代表的例子。

这种简单性没有一个出自爱因斯坦。

首先看一下狭义相对论。爱因斯坦于 1905 年向世界呈现这个理论时，它是一个基于方程的数学理论，那时没有产生多大的冲击力。几年后科学界的大部分人才开始注意它，并对其产生了兴趣。实际上，这事是发生在 1908 年赫尔曼·闵可夫斯基在德国科隆所做的一个报告之后。这个报告于闵可夫斯基逝世后的 1909 年发表。正是这个报告第一次根据时空几何学给出了狭义相对论的思想。他的开场白表明这个洞察的重要性：

　　我要向你们所展示的空间和时间的观点是从实验物理的土壤中生长出来的，在那里有它们的说服力。它们是根本的，因而空间和时间本身注定要暗淡下来，仅二者的结合才能够保持一个独立的现实。

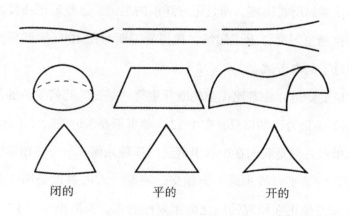

闭的　　　　　　平的　　　　　　开的

图 20　三种基本几何

空间可以符合三种基本几何之一。尽管空间是三维的，我们可以把它表示成二维的：空间具有正的曲率，那么宇宙是封闭的；在正弯曲空间中（左图），开始时两条平行（通常意义上的平行）的线可以相交，一个三角形内角和超过 180°；空间具有负的曲率，那么宇宙是开放的；在负弯曲空间中（右图），两条平行的线发散，一个三角形内角和小于 180°；空间是平的，平行线和三角形满足中学里的几何法则（欧几里得几何）；平坦的空间（中图）是处在正弯曲和负弯曲分界线上的特殊情况——我们的宇宙是几乎接近平坦的空间。

闵可夫斯基对狭义相对论的简单描述产生了巨大影响。因而爱因斯坦于 1909 年 7 月从日内瓦大学获得了他的第一个荣誉博士学位并不是巧合，同样一年后，他被物理学诺贝尔奖提名也并不是巧合。

在此有一个微妙的讽刺故事。事实上，闵可夫斯基 19 世纪末在苏黎世工学院曾是爱因斯坦的老师。仅仅在狭义相对论提出的几年前，爱因斯坦还被闵可夫斯基说成是一条"懒狗""从未为数学动脑筋"。"懒狗"本人起初也没有对相对论的几何学感兴趣，并且没有抽时间去欣赏它的重要性。由于在苏黎世工学院时他从来不为数学动脑筋，他对 19 世纪重要的数学发展一无所知，因而在他的朋友和同事马塞尔·格罗斯曼的激励下，他才开始转到弯曲时空的观念上来。

这不是爱因斯坦第一次从格罗斯曼那里得到帮助。在苏黎世工学院格罗斯曼是爱因斯坦的同龄人。不像爱因斯坦，格罗斯曼是一个很用功的学生，他不仅参加所有讲座，而且记着详细的笔记。这些笔记在爱因斯坦考试前最后拼命复习时派上了用场，使得爱因斯坦在 1900 年苏黎世工学院时勉强通过了期末考试。

格罗斯曼知道存在着比优美的欧几里得"平面"几何复杂的几何（甚至多维几何）。而爱因斯坦只有在 1912 年格罗斯曼告诉他时才了解到这个。

欧几里得几何是我们在中学里遇到的那种几何，一个三角形的内角和等于 180º，两条平行线永远不会相交，等等。C. F. 高斯是第一位超越欧几里得且知道他正在研究的问题的重要性的人。高斯出生于 1777 年，于 1799 年完成了他的所有伟大的数学发现。由于他不愿费心去发表他的许多想法，非欧几何被俄国的尼古拉·伊万诺维奇·罗巴切夫斯基（他于 1829 年第一个发表了对这种几何的描述）发现。

他们三人实际上想到同样一种"新"几何，它适用于我们所熟知的

"双曲"面，其形状如一个马鞍或一座山峰。在这样一个曲面上，一个三角形的内角和总是大于或小于180°，此时我们可以画一条线，在这条线上标一个点，通过这个点画许多条线，而每一条线都不与第一条线相交，因此它们都与第一条线平行。

然而，全面地提出非欧几何的概念是由高斯的一个学生波恩哈德·黎曼（Bernhard Riemann）于19世纪50年代完成的。他实现了这个题目另一种变形的可能性，即适用于一个球形的封闭表面（包括地球表面）的几何。在球面几何中，三角形的内角和大于180°，并且虽然所有的"经度线"以直角穿过赤道，因而它们必须互相平行，但是它们都在极点相交。

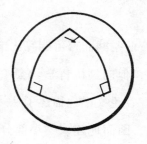

图 21　球面上的三角形

一个球面，例如地球的表面，是一个典型的封闭表面；在一个球表面上，三角形的内角和可以等于270°，即三个直角。

黎曼于1854年6月10日以"关于作为几何学基础的假设"为题做了一个演讲。这个演讲直至黎曼去世后，即1867年才发表。这个报告涵盖了大量的题目，包括空间曲率意味着什么，以及怎样测量它的可行性定义，第一次描述了球面几何（甚至推测我们所生活的这个空间可能有点弯曲，所以整个宇宙在三维而不是二维坐标中，像一个球的表面一样是封闭的），而且更为重要的是借助于代数把几何扩展为多维几何。

黎曼 1866 年逝世，死于肺结核，终年才 39 岁。但爱因斯坦也不是第二个思考我们的宇宙可能是弯曲的人。按年月顺序，黎曼的工作与爱因斯坦出生之前的时间间隙正好是英国数学家威廉姆·克利福德（1845—1879）的生活和工作年代。像黎曼一样，克利福德也死于肺结核。克利福德把黎曼的工作报告译成英语，他在把弯曲空间的想法及非欧几里得几何的细节传到说英语的世界中起了很大的作用。他了解到我们生活的三维宇宙就像球的二维表面是封闭的和有限的一样，也可能是封闭的和有限的，但这涉及至少四维的几何。这将意味着，就像地球上的一个旅行者，如果沿着一个方向出发并继续沿着直线前进最终将回到他的出发点一样，在一个封闭的宇宙中的旅行者在空间中沿一个方向出发并继续前进最终将回到他的出发点。

克利福德意识到就弯曲空间而言可能有比包含整个宇宙的这个渐渐弯曲更多的含义。1870 年，他向剑桥哲学学会（当时，他是牛顿旧学院的成员）递交了一篇论文。在论文中他描述了从一个地方到另一个地方"弯曲空间变形"的可能性，因而他建议"小部分空间实际上是类似于（地球）表面上（总的来说是平坦的）的小山峰"。这就是说，几何学的普通定律在整体空间上不正确。换句话说，在爱因斯坦出生前 7 年，克利福德就在考虑空间结构局域变形，尽管他还到不了指出这些变形是如何产生的程度，以及存在这些变形会有什么样的观察结果。而广义相对论指出太阳和星球产生时空的下凹而不仅仅是空间上的小山峰。

克利福德只不过是 19 世纪后半叶研究非欧几何的很多研究者之一，尽管他是他们中的佼佼者，并且具有对实际宇宙而言意味着什么的某些最清晰的洞察。他的这些洞察是相当深刻的，设想一下，如果在爱因斯坦出生前 11 年他没有去世，他能走多远。

当爱因斯坦建立狭义相对论时，他轻率地忽略了19世纪关于多维几何和弯曲空间这方面的数学成就。狭义相对论最伟大的成就是它调和了力学和由麦克斯韦电磁理论方程所描述的光的特性（特别是光速不变性的事实），尽管它以放弃牛顿力学作为代价。

20世纪初，牛顿力学和麦克斯韦方程的冲突是很明显的，所以人们常说狭义相对论是那个时代的产物，如果爱因斯坦在1905年没有提出狭义相对论，随后一两年之内也会有其他人提出。

另外，爱因斯坦从狭义相对论到一个新的非牛顿万有引力理论的广义相对论，被普遍认为是超越那个时代几十年的天才举动。它产生于爱因斯坦本人，因为在那个年代没有任何征兆表明物理学家要面临那个问题。

这可能是正确的，但传统上没有认识到爱因斯坦长达十多年之久的从狭义相对论到广义相对论的道路，这事实上比它能够和应该走的道路要曲折和复杂得多。广义相对论是沿着19世纪末数学发展的道路自然产生的，就像狭义相对论沿着19世纪末物理学发展的道路自然产生的一样。

如果爱因斯坦不曾是一条"懒狗"，而是在苏黎世工学院认真参加数学讲座，他很可能于1905年提出狭义相对论之后很快提出广义相对论。如果爱因斯坦从来没有出世，完全可能有另外某人，或许格罗斯曼本人能够从黎曼和克利福德工作中跳出来，而于20世纪20年代提出万有引力的几何理论。

若是爱因斯坦懂得19世纪的几何那该多好，他会很快完成他的两个相对论理论。那将很显然看出，它们是怎样沿着以前的工作而产生，并且或许不怎么需要爱因斯坦的"独特洞察力"，而只需要他的思想观点适应数学的主流，他甚至可能因为他的广义相对论而获得诺贝尔奖。

这至少是一种说法，它强调了数学的作用。的确，这个说法是沿着我于 1993 年发表在《新科学家》里的一篇文章而来的。由于那篇文章，我接到在加利福尼亚州圣莫尼卡的 RAND 研究人员布鲁诺·奥根斯汀的电话。奥根斯汀告诉我，以另一种不同的方式叙述这个说法，这有助于使我信服皮克林关于科学进展规律的观点是正确的。

奥根斯汀告诉我："有些时候，我是威格尼和戴森学派的（'物理科学中数学的不合理有效性'），但是现在我相信你文章所表达的想法能够给出一个强的运行法则。即每一个数学概念的叙述都在某处有一个物理模型；作为他研究活动的一部分，聪明的物理学家应该被建议有意地和传统地寻找已经发现的数学结构的物理模型。"

换句话说，正如皮克林所建议的那样，只要给定任何自洽的原始材料，物理学家能够对现实世界给出可以理解的描述。

我必须承认，不仅仅是因为我的文章的明晰和洞察力使奥根斯汀相信情况可能是这样。他已经为涉及著名的巴拿赫－塔斯基定理的一个相当含糊的数学分支（他称之为"非标准集合理论"）提供了另外一个例子。这个纯粹的数学工作原来被认为与现实世界没有任何关系，现在看来它预言了随后在物理学中发现的情况。这个预言情况即为盖尔曼和茨威格的夸克理论。

我将不给出细节，因为我对"非标准集合理论"还不甚了解，我不得不相信奥根斯汀说的是对的。实际情况是，发表于 1924 年的巴拿赫－塔斯基的工作能够将物体分解成部分，再组合起来构成的物体与原来有些不同。正如奥根斯汀表述的那样："你可把任意有限大小和任意形状的实体 A 切成几份，不做任何改变，重新组合成实体 B，它也具有任意有限大小和任意形状。"

确实离奇，但是太泛泛以至于没有什么实际价值。所以奥根斯汀对这个特性给了一个特殊的描述——处理实心球。一个具有单位半径的实心球按如下的方式切成五份，其中两份重新组合成一个单位半径的实心球，另外三份重新组合成第二个单位半径的实心球。这是做这个戏法所需要的最小份数，但是它可以无限地重复，或许你可以猜到下一步是什么。

在《科学与技术思考》的一篇论文中，奥根斯汀给出支配这些数学集合和子集合性质的法则与粒子物理标准模型——即量子色动力学——描述夸克和"胶子"的法则完全一样。而后者是在巴拿赫－塔斯基定理发表之后半个世纪才建立起来的。建立标准模型的理论物理学家根本就不知道非标准集合理论。读者还记得在这个标准模型中质子和中子是由三个夸克组成的，而把质子和中子连在一起的胶子（等同于量子电动力学中的光子）是由一对夸克组成的。

一个质子轰击一个金属靶能够从靶上产生一群新的质子，而每一个质子与原来的质子相同，这个规律可以准确地用巴拿赫－塔斯基定理来描述：即把一个球切成几份，然后重新组合起来构成一对球。奥根斯汀认为，巴拿赫－塔斯基定理是理论数学"最惊人的结果"，这个观点你也倾向于赞同吧。

叫人感兴趣的是奥根斯汀的类比也给出了预言。就像质子曾经被认为是无结构的弹性球，经过了高能电子探测表明其内部有三个夸克（这也就像卢瑟夫探测原子发现原子内部有原子核）一样，实验物理学家最近的计划建议：如果夸克有内部结构，就有可能用更高的能量来探测夸克的内部结构。有趣的是，在奥根斯汀对巴拿赫－塔斯基定理的特殊描述中，五个数学"部分"是一个组合，其中四部分意味着夸克内部的详细结构，而第五部分是一个点的数学描述。

奥根斯汀并不是唯一对巴拿赫－塔斯基定理隐含着粒子物理感兴趣的

人。1982年，罗杰·琼斯在他的《隐喻的物理学》一书中写道：

当 μ 子的行为仅仅同电子一样时，μ 子为什么存在呢？μ 子大约比电子重200倍……它们（仅）在一个重要的定量可测量即质量上不同。

其他粒子在几个重要的可测量上不同，而电子和 μ 子就像两条线段，它们以相同的方式由基本点构成，仅在长度上不同。电子和 μ 子是具有不同大小的两个球，但它们具有相同的点数……大小本身、测量及点数只不过是表观和隐喻，它们不应因为某些最终不变量而被弄错——它们不应被过度推崇。

在三维测量即体积的情况下，让我们停下来作另一考虑。这就是让人惊讶和自相矛盾的巴拿赫－塔斯基定理，即一个任意给定大小的球被分解后再组合成另外一个不同大小的球……一个电子可以经过有限几步变成一个 μ 子。

如果到了当今世界的物质能够用一个数学空间上的某类抽象分布来表示的程度，那么我们是在说这是一个有机的、归一的和混沌意义上的空间。这不是一个没有任何东西的空间，而是一个不同于我们的空间的空间——即另一个隐喻。

物理学家将采纳这个观点而去建立一个超越夸克——量子色动力学描述现实世界的新的"标准模型"吗？或他们因为这是一个科学的稀奇古怪的次要部分、一个古怪的数学奇品、一个没有任何物理意义的观点而倦怠下来吗？这将拭目以待。奥根斯汀把物理学家对现实世界的描述比喻成神话故事，并且强调只有在能够从可利用的材料中几乎随意地构造模型的观点引起重视之后，物理学家的态度和习惯才能有重大的改变。如果已经发生，这种态度的改变需要很长的时间。但是这很有力地支持了皮克林关于物理学家提出他们的模型的方法的结论，以及某些其他的物理哲学家已经进一步提出了这种想法，看看这些模型来自哪里，以及物理学家怎样掌握世界。的确，某些物理学家已经沿着皮克林和奥根斯汀所指的方向前进，而没有很好地意识到他们正在做的事情的重要性。

△ 描述不可描述的

在已经提及非标准集合理论之后，我想在回到哲学家关于物理学是什么的观点之前举一个有关宇宙论的简单例子。

就像粒子物理学家具有"解释"在极小尺度条件下物理规律的夸克和量子色动力学一样，宇宙论学家也有一个大尺度条件下涉及物质、万有引力和广义相对论的宇宙如何运行的标准模型。宇宙学家的标准模型，即大爆炸理论的最大问题之一，或许最大的问题是在宇宙产生之时存在着一个奇点。天文学家了解到宇宙正在膨胀，因为他们的望远镜表明星系正在互相远离。爱因斯坦的广义相对论预言了这个膨胀，因为理论表明随着时间前进星系之间的空间必须扩张。理论和实验却建议，设想一下在时间上向后移你会发现在很久以前宇宙是什么样；必然存在这样的时刻，宇宙中所有的物质和所有的时空缩成一个点，即奇点。

我们知道，奇点是物理规律崩溃的地方。按照方程，它是一个具有零体积和密度无穷大的点，这是很荒谬的。然而在 20 世纪 60 年代斯蒂芬·霍金和罗杰·彭罗斯指出，如果广义相对论能够准确地描述宇宙演化规律（根据所有的证据，包括双脉冲星，确实似乎是这样），那么，在时间之初奇点的存在是无法避免的。今天在我们周围所观察到的这种膨胀与爱因斯坦的方程都证明起初必然存在着这个奇点。

这个令人烦忧的结论是不是因为我们做了错误的类比的结果呢？20世纪80年代，霍金回到宇宙起源这个问题上来，并且与其他人一道试图建立一个结合量子力学和广义相对论思想的模型用来描述宇宙。这个工作使许多宇宙论学者觉得需要对"多个世界"或"多个历史"的思想作某些变形，因为不存在任何方法能够使一个观察者处在宇宙之外，从而把它的波函数从一个叠加态坍塌成一个单一历史。但霍金的方法存在另外一个有趣的特性，即对大爆炸理论给出一个不同看法的一个新类比。

以前我曾说过，在相对论（包括狭义相对论和广义相对论）方程中对时间和空间的处理方式是很不同的。在方程中时间前面有一个负号，但这并不是事情的全部，就像关于直角三角形的毕达哥达斯著名定理（即勾股定理）一样，那些方程是以平方形式处理的。因此，在爱因斯坦的方程中，表示空间平移的参数是平方项，即 x^2，y^2 和 z^2。而表示时间移动的参数是平方的负数，即 $-t^2$。这就是时间不能完全像空间一样来处理，因为在中学就已学过不能对一个负数开平方。我们知道 x^2 或 x 具有很容易理解的意义，例如，4 的开平方是 2，但 $-t^2$ 能告诉我们关于 t 的什么呢？例如，什么是 -9 的开平方呢？

霍金指出宇宙起源时的奇点问题，即时间的"边缘"，能够通过做一个几乎无意义的数学技巧来解决。数学家知道如何做负数的开平方。他们有一个具有 200 多年历史的数学标准方法，并且借助于一个简单的技巧能够使它们相乘。他们发明了一个称为 i 的"数"，被定义为"-1 的开平方"，因而 $i \times i$ 等于 -1。如果你想知道 -9 的开平方是几，你可以说 -9 等于 $(-1) \times 9$，它的开平方等于−1的开平方乘以9的开平方，因而等于$i×3$。这样的"虚数"能够像普通数那样运算，例如加、乘、除和其他运算，它们构成了数学运算的重要一部分。它们给数学家提供了描述不可描述的——负数开平方的世界——的模型。它们的运算法则类比于实数的运算法则。

霍金的大胆举动是指出我们日常时间的概念是错误的，宇宙运行规律的更好模型通过转向使用我们称之为虚时间，即 it 的方法来得到。就数学而言，这是一个无意义的变换。它就像一个地图绘制者在向我们提供地球表面情况时转换投影一样重要。例如，传统的墨卡托投影大体上给出各大陆的准确形状，但是扭曲了它们的相对面积；而20世纪70年代发展起来的彼德投影给出各大陆准确的相对比例，但是歪曲了它们的形状。两种投影（和其他投影）都是在一张平纸上给出地球的整个表面。由于不可能在一张平纸上完整地给出一个球的表面，因而没有一种投影可以说是"正确的"，而其他种是"不正确的"。只是它们不同。

同样，描述在空间和时间域内发生的事件的坐标位置时数学家可以自由地选择坐标系。让我们考虑另外一个地理学的例子。经度是选择穿过伦敦格林尼治子午线来测量的，这在历史上是偶然的。航海家也可以选择任何其他的子午线，例如连接地球北极和南极的虚线作为零经度。

霍金转换成"虚时间"不是像上述那么简单，但是它仅涉及数学坐标的选择。他把爱因斯坦的方程中时间的参数与其他空间参数建立在完全等同的基础上。如果时间以 it 为单位测量，那么，时间测量平方后我们就得到单位 $i^2×t^2$，即（−1）$×t^2$ 或 $−t^2$。现在我们必须用这个负数乘上出现在爱因斯坦的方程中的那个负号，这样就消除了由 i^2 而得到的（−1），最后只留下 t^2（记住负负得正）。

这种模型的转换，或选择不同的数学类比，能够使爱因斯坦的方程中

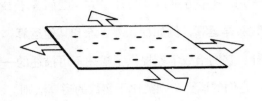

图 22　膨胀的宇宙示意

膨胀的宇宙可以看成第一块橡胶板在所有方向同时伸展。黑点表示星系，由于星系之间的"空间"在膨胀，星系变得越来越分离——不是因为它们在空间中运动。

的时间与空间完全等同，并且可以证明这种朴实的数学变换消除了由方程所产生的奇点。

霍金指出，我们现在要研究膨胀宇宙的方法不是依据时空中由数学的奇点产生并增大的气泡，而是依据画在保持恒定大小的球表面上的纬度线。在球北极附近所画的小圆圈表示年轻时的宇宙——所有的空间由组成圆圈的线来表示。随着宇宙的膨胀，它可以由从北极到赤道附近的圆圈表示，每一个圆圈比上一个要大，从北极向赤道移动表示时间的"流动"。一旦过了赤道，随着纬度圆圈变小，"宇宙"开始缩小，直至在南极消失。

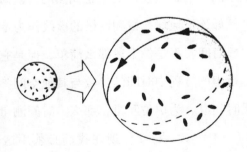

图 23　封闭的宇宙

尽管宇宙非常接近平坦，但可能是封闭的，在此情况下，它可以比喻成一个膨胀的肥皂泡的表面，如上图一样，黑点表示星系；在这种情况下，存在着这种奇怪的可能性，只要沿着直线前进，你可以绕着宇宙转一圈回到你的出发点，这就像绕地球环行一样。

那么在两极处，即时间的开始和终止，会发生什么情形呢？在这些点上球没有边界，尽管我们说时间在北极"开始"。因为时间与空间建立在相同的数学基础上，所以与地球的地理学类比是完善的。在地球的北极，所有的方向却指向"南"，没有"北"的方向——在那里地球没有边缘。在霍金的宇宙模型北极处，所有的时间方向都指向"未来"，而没有对应于"过去"的时间方向——在那里没有时间的边缘。奇点的问题没有出现。

如果你能够在时间上向后旅行而到达大爆炸的时候，你不会消失于奇点中，而是穿过"零时间"的那点（或时刻）并转变方向重新进入未来，这就像在地球北极稍偏南的一个人朝北前进，穿过极点并继续朝相同方向前进，会发现前进的方向指向南。依据这个图像，我们可以看出宇宙是一个时空、质量和能量完全自洽的体系，既是从无中膨胀而来也会缩回无中去。

所有这些是通过一个简单的坐标变换来达到的，即把时间和空间建立在相同的基础上。不幸的是，用数学术语来表达，关于 i 的数传统地称为

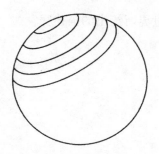

图 24　霍金的时空

根据斯蒂芬·霍金的理论，空间和时间（四维）可以用一个球的表面来表示：在零时间时宇宙开始为"北极"附近的一个极小圆圈，随着时间的延伸宇宙向"赤道"方向转动，并相继增大为大圆圈；然后，随着时间继续向"南极"移动，宇宙开始缩小；但是没有时空的"边缘"，如同在地球的北极没有"世界的边缘"一样；这种表示意为谈论"大爆炸之前"或"宇宙死亡之后"的时间是无意义的。

虚数，这意味着霍金变换的时间坐标是依照"虚时间"来做的，这有些像科幻小说中的事，如《爱丽丝漫游记》。[①] 但是，事实上，在数学上这是看待事物受欢迎的方法，这似乎比传统地看待事物的方法在物理上更合理，因为它不含有可怕的奇点。

也存在探索其他可能性的方法。霍金把时间"空间化"；伊利亚·普里戈金说他的对物理规律的描述方法等效于把空间"时间化"。但是，在这里我不想对这个模型给出详细的说明。所有我想做的是指出霍金对奇点问题的解决办法在精神上完全符合奥根斯汀关于数学中任何东西都能够翻译成物理上有意义的现实世界模型的观点。物理学是一门技术，就像我们说木材工业是一门技术的意思一样，它从原材料中生产出产品。木工匠用木材做出家具，同样物理学家从数学中建立起描述世界的模型。两个世纪前，当虚数的研究是纯数学的一个活跃的分支时，谁能够猜到某一天它可以用来解释宇宙是怎样产生的呢？

当然，这个应用必须等到物理学家或天文学家建立起一个世界观或模型，用它可以根据虚时间把所面临的问题解决。那么，物理学家怎样掌握世界并提出他们对现实世界所给出的描述呢？

△ 了解现实世界

物理学家怎样着手发现（或发明）他们的现实世界模型的呢？最近和

---

① 选择这个术语能带来双重的不幸，因为，事实上，霍金所有的方法把时间当成虚空间，在方程中 it 与 x、y 或 z 起同样的作用。

最有说服力的答案之一是由南加州大学马丁·克莱格在他的引人入胜的著作《研究物理学》一书中提出的。他察看了一些在 20 世纪后半叶所建立起来的特别的类比和模型，并且指出它们是如何根基于现代文化（特别是当代这个时期的美国文化），并与前几代物理学家所使用的类比和模型是如何息息相关——量子色动力学类似于量子电动力学，它类似于麦克斯韦方程是最明显的例子。与这个工作方法相呼应，某些哲学家（自 20 世纪 30 年代以后著名的卡尔·波普[①]）也分析了 20 世纪科学家的工作。但克莱格的背景在物理学，因此，它应引起其他物理学家的兴趣，并且他叙述的故事既是现代的又是特别具有说服力的。

作为一位物理学家，在很多方面克莱格使用物理学术语，但是他把它们翻译成日常用语。例如，当物理学家可能根据"自由度"来描述一个系统的性质时，克莱格称这些性质为"把手"，通过它我们可以掌握系统，并且可以得到系统像什么的某些概念。一个简单的例子是充满气体的一个盒子的温度，这是一个自由度，知道了温度就可以告诉我们盒子中气体的某些总的状态。一个单个原子的位置是另一个自由度的例子，但为了知道气体的温度你不需要知道盒子中气体每一个原子的位置。克莱格强调每一件事情都是基于类比，不去试图说明世界"实际"是什么，而是描述物理学家怎样（利用自由度提供的把手）去掌握世界并去描述它。世界可能"像"很多东西——波、弹性球等——可实际不是那些东西中的任一样。

虽然克莱格使用类比，但比我以前所使用的例子要深入得多。他的富于洞察力的技巧之一是依据一个工厂的车间或一个国家的经济来描述亚原子世界的结构。一个研究过原料怎样进入工厂和产品如何出厂的局外人不

[①]　参见卡尔·波普：《科学发现的逻辑》。

能看到产品的实际加工过程，因为它藏在墙的后面。但是一个观察者可以通过比较工厂的输入和输出来推断某些加工过程。墙掩盖了加工过程的细节，即墙掩盖了自由度。把工厂缩小为一个黑盒子，那么，局外人可以看到一定的输入产生一定的输出。例如，这类比于围绕一个原子的电子团如何负责其化学特性而掩盖了原子的内部情况。在化学反应中，起作用的是最外层的电子与另外原子的最外层电子的相互作用，而你不需要知道是什么东西使原子结合在一起。

墙是重要的，因为这样就简化了复杂的情形，并且使人们能够做有意义的物理实验，而不必知道关于系统的所有情形。所以物理学家发明了墙，这种技巧使人相信墙是那种正确的东西。实际上，墙掩盖了尽可能多的自由度，并且研究了改变几个剩余的自由度的效应，即通过系统的剩余"把手"去掌握系统，并且去摇动它的效应。

温度是一个极好的例子。在许多有关盒子里气体的实验中，物理学家首先做的事情是等到气体的温度达到某个稳定值，即气体处于"热力学平衡态"。然后，当你去研究气体的某些性质时，例如研究把气体压缩成盒子的一半大小时气体的压强变化规律（实际上，为进行这个简单的实验，盒子必须与一个具有恒定温度的大物体，即"热源"相连接，以保证当气体被压缩时它的温度不变），你不必担心它的温度。如果压缩气体的同时气体也被从外部加热，那么要分清所有变化的自由度并且获得气体怎样变化是相当困难的。如果选择了合适的自由度那么情况变得很简捷，反之如果错误地选择了自由度，那么情况将变得相当复杂，以至于无法解决。就像斯蒂文·温伯格所评述的那样："你可以使用任意的自由度来描述一个物理系统；不过如果选错了自由度，那就抱歉了。"

克莱格扩充了工厂的类比，把物理学家关于粒子的概念比喻成工厂里具有技能、活动能力及工资要求等性质的单个工人。工厂的这些性质可以用我们给粒子贴以标记的方法来描述。利用这些标记可以区分粒子的电荷、质量，或它们对相互作用响应的强度。他说："粒子被指定成局域的和分离的、稳定的和客观的、有名字的和分立的。"在这里须再一次说明，关键点是物理学家不去探索亚原子世界的内部并去发现粒子。他们以弹性球像什么的概念开始，并去询问能够引起粒子响应等之类的问题（选择自由度）。

在我们试图以朴实的直觉来认识自然界时，可能会问，我们是否为日常的弹性球或墙的概念所误导。我们可能会，但是给人印象的是我们怎样调整我们朴实的直觉，教我们自己去注意日常物体的正确特征，以便用它们为自然界建立模型。

一个好的例子可能是称为自旋的量子性质。当物理学家发现除了质量和电荷，还需要给电子以另外一个标记时，他们把电子与旋转的弹性球做了类比，因而给出了一个新的标记。这个类比是不准确的，因为如果坚持把电子作为一个自旋的粒子，你会发现它必须旋转 720°（两圈）而不是360° 才能回到它的初始状态。[①] 尽管如此，物理学家仍然这样想象这个奇怪的特性，即类比于一个弹性球的自旋或地球的自转。

与墙和工人并列的是物理学家世界的第三要素——场。场正好是粒子的对立面，它是展宽的而不是局域的，它是平滑变化的而不是尖立的。场

---

① 理查德·费曼用一杯茶做模型，给出了一个非常有趣的例子，说明旋转两圈怎样回到初始位置，参见《基本粒子和物理定律》，第 29 页。

总与粒子连在一起，正如克莱格指出的那样，一个"完整"的粒子是完全自备的，它没有我们可以操作的把手——仅仅因为万有引力场，或电磁场，或其他的场使粒子暴露出来，我们才知道它们在那里。

这仍然不是意味着场像粒子那样是"实实在在的"，或一个电子确实像陀螺那样绕着它的轴旋转。我宁愿说，就像我希望看到的一样，所有的模型都是实实在在的，尽管它们不完善。正如克莱格所说，除了模型还有其他现实存在吗？像皮克林那样，克莱格讨论了物理学家学习他们的技巧的方法，以及怎样模仿以前已经证明是成功的技巧做出更大的进步，最有效的技巧之一是，假设任何东西都是由更小的部分组成的。他讨论了钟表机构类比的作用，并指出"一个钟表比它的分离部件做得要少得多（或许做得更有趣）"，这是另外一个限定自由度可能是一件好事的例子。但是，他没有给出麦克斯韦如何经过像钟表系统那样的大小齿轮相互作用的中间步骤来得到他的著名的波动方程的细节。

按照传统，这个步骤被认为是可以省略的，就像当患者在没有拐杖的情况下已经学会走路后，拐杖可以放弃一样。而实际上它是起作用的。它或许是乏味的或不吸引人的，但它确实提供了电磁力如何传递的模型。场理论是"很好的"模型，因为它对我们来说是简单的和更直接的，尽管钟表模型对我们来说是丑陋的和粗糙的，但它能够起作用的事实很好地提示了我们：我们最喜欢的类比未必是代表物质世界运行规律的唯一真理。克莱格强调，当物理学家说自然界确实是按照一定规律发展时，他们实际上是在说模型是按照那个规律合乎逻辑地起作用的。

在这里，我给出另一个多半被放弃但仍切实可行的类比的例子。当在讨论电子－正电子对从纯粹的能量中产生时，我是根据能量转换成质量，即按照质能关系 $E=mc^2$ 来做的。但是当狄拉克于 20 世纪 20 年代末首先提出有可能存在我们现在知道的反粒子时，他给出了另外一个模型。我们观察不到这些电子，因为它们无处不在，并且无法区分它们与它们周围的电子。如果一堵墙被刷成均匀颜色（比方说红色），那墙上的每一个点与其他点一样都是红的，并且没有一个点能暴露出来。一个普通（正能量）的电子可以被"注意到"，因为它不同于它邻近的东西，这就像在一个红颜色的背景下一个蓝颜色的点很容易被注意到一样。

基于这个图像，当一个能量足够大的光子撞击一个负能量的电子并给予其足够的能量使其激发到一个正能量状态时，电子－正电子对便产生了。这时电子便变成了日常世界中的"真实"电子（一个蓝点），并在负能量的电子海中留下一个空穴（红色背景下的一个白点）。这个空穴具有带正电荷的一个电子的一切性质———一个正电子。例如，如果附近有一个正电荷，那所有负能量的电子将移向这个电荷，在那里它们拥挤在一起而不能够移动。挨着空穴的电子通过跳进空穴而向前移动，在其后留下一个空隙，沿着一条线依此类推。这个效应可以认为是空穴从正电荷移开，即被排斥，就像一个带正电荷的粒子那样。在负能量海中，电子的缺少提供了一个与背景的差别，即一个具有可分辨粒子特征的尖峰。空穴的行为恰似一个粒子直至一个正能量的电子掉进空穴后消失，并以电磁辐射的形式释放能量。

像麦克斯韦的齿轮和涡轮一样，这个粒子－反粒子相互作用的模型，现在被看成是在纯粹能量中产生粒子的"正确"图像的道路上的中间一步。这是一个完全合理、非常自洽的模型，可以用作计算的基础，并能够准确预言实验中所测量的正电子特性。请记住，同样存在另一个令人满意的模型，它把正电子解释为电子沿相反的时间运动。设想宇宙充满了负能量的电子可能令我们不舒服，但这是我们的问题，而不是宇宙的问题。在研究问题时，我们自由地选择自由度，而这些选择决定了我们归因于自然界的性质。类比是物理中所有的情形，只要我们所建立的模型是自洽的，并且预言能够被实验所证实，那我们就可以自由地选择我们所期望的任何类比和自由度。这把我带回在很多量子解释中，哪一个解释（如果有的话）可以看成是"最好的买卖"这个问题上来。

△　进驻量子实在的整体进路

对我来说，似乎最好的答案是抽签。每一种解释都是一个可行的模型，每一种解释都为我们提供了有用的对世界运行方式的洞察。的确，把每一个量子解释看成是根据自己情况的独立的一个自由度，并利用温伯格的说法，我们随意地选择在任意特定情况下适合我们需要的解释是相当合理的。选错了解释那很抱歉——例如，如果你选择了哥本哈根学派对薛定谔的猫的解释。但是如果你选对了解释——在这种情况下为多个世界的解释——那么所有的情形都变得很直接。一个好的物理学家应该在他的工具袋中带着每一种解释，当遇到一个特别的量子难题时，他应该选用合适的解释来解决手头的难题。

为证明这点，让我们快速地回忆一下几个现成的解释，并看一看它们怎样与 20 世纪下半叶量子物理最重要的进展——贝尔法则相联系的。任何可以接受的对量子物理的描述都必须与阿斯佩的实验结果相容——而且它们都是这样。

极好的哥本哈根学派的解释对贝尔法则和阿斯佩的实验来说是没有任何问题的，因为尼尔斯·玻尔和他的同事始终告诉我们，一个实验的结果取决于整个实验装置。在双缝的实验中，如果两个狭缝都是开的，我们得到干涉条纹。如果整个实验装置包含星系两面的光子，那么，我们必须考虑到这两面的光子，即使这涉及"超距离的鬼作用"。同样，如果现实是由测量的作用而产生的，根据这种解释，为了理解阿斯佩的实验结果，我们必须做的是接受这样的事实：产生的现实不一定只是在测量正在进行的局域附近的现实，也应包含远处的现实，即从测量来的光信号还没有来得及到达远处的现实。

与此一致的另外一种解释是世界可能是"确实实在的"，这是由戴维·玻姆和他的追随者提出的。如果是这样，根据玻姆，世界必须是不可分离的整体的一个态。因而，在一处的一动能够非局域地和即时地在远处产生一个响应。利用这两个解释以及与此有关的关于真实粒子具有真实性质（这种性质是受满足统计定律的控制波的影响）的思想，当考虑宇宙其他部分的态时，即时"通信"影响实验结果，然而又设法不允许在两个人类观察者之间有包含有用信息的超光速信号的传递。

多个世界的解释是采用略微不同的形式，因为对所有可能的实验来说，它允许所有可能的结果是等同的。但是，正如我已经提到的那样，它肯定是非局域的，因为在地球这里一个量子事件的选择结果，即时地引起在远处星系上现实的多次复制（同样，远处星系上的变化即时地引起地球这里的现实分成多次复制）。但是，对自洽地解释"量子世界"它仍然是有效的。

在讨论对量子理论的解释时，约翰·贝尔写道：

> 这些可能的世界在多大范围内是虚构的呢？它们就像文学里的小说，在那里它们可以由人的想象随意地发明，在理论物理中发明

者从一开始就知道工作是虚构的，例如，在处理简化了的世界时，空间仅为一维或二维，而不是三维。经常的情况是直到后来当假设证明是错误的时候才知道使用了虚构。当他们是认真的时，当他们不是探索有意简化了的模型时，理论物理学家不同于小说家之处在于他们认为或许故事可能是正确的。①

这样的希望是站得住脚的。所有的模型都是根据我们选择那些自由度作为对现实的操作有意地简化了的，并且所有超出我们直接感觉范围的关于世界的模型都是虚构的，都是人类的随意发明。你可以自由地选择最吸引你的那一个量子解释，或放弃所有的解释，或你可以根据方便，或那个星期的日期，或一时的兴致购买下所有的包裹并使用一个不同的解释。现实在很大程度上是在你想让它是什么之中。

尽管如此，仍然是几乎每一个人都想知道"答案"。对真实的实际模型的探求驱使理论物理学家（同样激励其他的人们）去研究哲学或去同意某一个特定的宗教，我自己仍然具有这个追求，尽管我思维的逻辑部分告诉我这个寻求是徒劳的，并且所有我所希望发现的是我们这个时代的一个自洽的想象。因此，尽管这样，我仍打算向读者提供一桩我认为是 20 世纪量子世界市场上目前最好的买卖，即一个不仅能够清楚地带到整个非局域化交易的前沿，而且能够提供一组我认为即将转变物理学家思考物质世界方法的类比和隐喻的诠释。

在《研究物理学》一书中，马丁·克莱格提到许多在理解物理学家做什么方面证明是有益的类比。在那里他对工厂和工人、经济、熟悉的钟表

---

① 参见约翰·贝尔：《量子力学中的可说与不可说》，第 194~195 页。

模型，甚至亲属关系系统等都做了讨论。但是，他说："其他主要的类比，例如进化和生物的类比，在大部分物理中似乎起着非常小的作用。"

我相信这是一个现在正在纠正的历史性失误。正如我在《起始》一书中所讨论的那样，通过把像星系甚至宇宙本身这样的物体比成活的，进化生物天文学家和宇宙学家正在获得对世界的本质、它的起源以及它的结局等新的洞悉。与活的生物运行方式相关的关键概念也出现在我喜欢的量子小说中，即所谓的相互作用解释。我不主张它只不过是一篇小说，所有的科学模型简单地说是"井井有条"的小说，它给我们以我们理解现实世界正如何运行而没有必要给出关于宇宙的任何最终答案的感觉。如果你想要一篇目前你可以信赖的小说，并且在被其他更好的（或简单地说更时髦的）小说替代之前能够持续很长的时间，那么，我向你推荐的便是相互作用解释。现在是我该把我的旗帜钉到旗杆上的时候了，我们应该加入那些从序章跳过所有章节的读者中来，并且提出一个确实从量子神秘性中解除所有神秘性的对现实世界的描述。

结　语 | **解决方案：我们这一时代的秘密**

　　为了说服我们自己去理解量子世界的神秘，我必须解释的一个中心问题已包含在我在序章中介绍的薛定谔的小猫的故事里了。还记得实验是按如下方式建立的：两只猫在空间上是分开的，但是每一只都在一个50∶50概率波作用下与一个电子波函数的坍塌联系在一起，变成在两艘宇宙飞船中一艘或另一艘里的一个"真实"粒子。在两个密封包中的一个被打开，并且一个聪明的观察者注意到电子是否在里面的时刻，概率波的坍塌和那只猫的命运——不只是在这个密封包里猫的命运，还是同时在宇宙另一端另一个密封包里另一只猫的命运——便被确定。

　　至少，这是标准哥本哈根学派对两只猫之间关联的描述，并且不管你喜欢哪种解释，阿斯佩实验和贝尔不等式表明一旦量子整体纠缠在一个相互作用中，随后它们的行为确实像在爱因斯坦"超距离鬼作用"下的一个单一系统的一部分。整体大于部分的总和，并且整体的部分之间通过反馈——即似乎是同时作用的反馈——相关联。

　　这里是我们开始与活的系统作富有成效的类比。一个活的系统，例如，我们自己的身体，必定大于组成它的部分总和。人类的身体是由几百万个细胞组成的，但是它能够做一大堆适当数量的细胞从来不能做的事情。细胞本身以它自己的方式活着，并且能够做组成它们的元素的一个简单化学混合不能够做的事情。对这两种情况而言，活的细胞及活的身体能够做这些有趣事情的关键原因之一，是存在着从细胞的一边到另一边、从身体的一部分到另一部分传递信息的反馈。进一步而言，在细胞内部这些反馈涉及传递原始材料到正确的地方，并利用它们组成复杂的生命分子的化学信息传递者，在一个粗略的人的水平上，即关于日常动作，例如，为产生这句话我的手指在计算机键盘上敲合适键的运动方式，涉及我的大脑始终接收从例如视觉和触觉那里来的信息的反馈，并利用这些信息调整我身体的行为（在这种情况下，即确定我的手指一步移到哪里）。

这确实是一个反馈，一个双向过程，不仅仅是从大脑来的指令命令手指向哪里移动。整个系统涉及评估手指现在的位置、它们正在运动的速度及方向、检查键上的压力是否正好、然后回来（在这种情况下，非常经常）纠正错误等。打字员根据这些反馈始终调整手指的精确运动方式与你骑自行车时为了使你保持平衡而不摔倒自始至终做自动调整一样。如果你根本不知道这些反馈，并且对身体的不同部分通过一个通信系统相连接没有任何概念，那么，在我手端这些拉伸的肌肉和骨骼能够通过在键盘上拨弄而"产生"出有智慧的信息将似乎是一个奇迹。同样，除非我们祈求某种形式的通信和反馈，否则从一个原子两个反向飞出的两个光子的偏振状态，按照阿斯佩实验所表明的方式关联也似乎令人惊讶，一个很大的差异，也就是我们必须克服的一个障碍是量子世界中反馈的即时性。根据相对论理论和电磁场的量子化的观点，这个即时性可通过光本身的性质得到解释。这个观点是至今相对来说未引起重视的惠勒－费曼电磁辐射模型，此模型也能够对万有引力作用规律给出惊人的洞悉。

△ 充分利用质量

半个多世纪之前，费曼的这个未引起重视的模型指出，电磁辐射的特性，以及其与带电粒子的相互作用规律，可以通过认真地看待麦克斯韦方程的两组解来解释。麦克斯韦方程用以描述在空间传播的电磁波，这就像穿越在一个池塘表面的水波。第一组解，即"普通意义上的"解，描述波以加速运动的粒子向外传播并且随着时间向前传播，就像水波从石头掉入池塘那一点向外传播；第二组解（至今还被大部分忽略掉）描述波随着时间向后传播并聚向带电粒子，就像水波从池塘的边缘开始并聚向池塘的中心。如我在第二章中所讨论的那样，当对与宇宙中所有带电粒子有相互作用的两组波做适当的许可，大部分的复杂消除了，仅剩下我们所熟悉的把电磁力从一个带电粒子带向另一个带电粒子的普通意义（或"延迟"）波。由于这些相互作用的结果，每一个单个带电粒子——包括每一个电子——即时地知道其与宇宙中所有其他粒子的相对位置。随时间向后传播的波（或"超前"波）的一个可感觉到的影响是波提供了使每一个带电粒子成为整个电磁网中的一个整体部分的反馈。在地球上的一个实验室里拨弄一下一个电子，原则上在相距二百多万光年远的仙女座上每一个带电粒子立即知道发生了什么，即使在地球上拨弄一下电子所产生的延迟波，需要二百多万年才能够到达仙女座。

甚至惠勒－费曼吸收理论的支持者通常也不按这个方式来叙述。传统的叙述（如果有关理论的任何东西能说成传统的话）是这样的：我们地球上的电子知道它相对于其他位置上（包括仙女座）的粒子"在什么位置"。正是反馈性质的核心使它按两种方式起作用。如果地球上的电子知道仙女座在哪里，那么可以肯定仙女座知道地球上的电子在哪里。反馈的结果——即地球上的电子必须看成是不可分离的而且是充满宇宙的整体电磁网一部分的事实的结果——是由于在遥远星系上所有那些带电粒子的影响电子阻止我们试图去推动它，尽管没有任何带信息的信号能够在星系间以超光速传播。

这个对带电粒子为什么经受辐射阻力的解释与以前提到过的、困惑物理学家很长时间的问题非常类似。为什么普通物体阻止其被推动？当物体被推动时，它们如何知道要提供多大的阻力？惯性是从哪里产生的？

伽利略似乎是第一位意识到不是物体的运动而是其加速度揭示了力作用其上的效应。在地球上，阻力（外作用力之一）总是存在的，并且使运动物体变慢（减速），除非你继续推动它。但是在没有阻力的情况下物体将永远地保持直线运动，除非用力拉它或推它。

这成为牛顿力学定律的基石之一。牛顿指出，除非受外力加速，物体在真空中以恒定的速度运动（相对于某个绝对的静止基准）。对于一个具有给定质量的物体，由一个力产生的加速度由力除以质量给出。

这个发现有趣的一面是计算中的质量与万有引力的质量完全一样，这样做不是显而易见的。万有引力质量决定着一个物体施向宇宙中其他物体力的强度。惯性力，顾名思义，决定着一个物体被外部力、不仅仅是万有引力，而是对任何外部力拖或拉的响应强度，因而它们是相同的。在一个物体中"物质的量"既决定着它对外界的影响，也决定着它对外界的反应。① 这已经看来像是一个起作用的反馈，一个连接每一个物体与浩大宇宙的双向过程。但是直至最近人们才有了反馈怎样起作用的清晰概念。

牛顿本人描述的一个巧妙的实验似乎表明，宇宙中确实存在着优先参照系，后来哲学家们说这个实验所表示的正好是所定义的绝对静止基准。在 1686 年牛顿所著《原理》一书中，他描述了把一桶水挂在一根长绳上，紧紧地捻动绳子，然后放开，水所要发生的情形。当然，随着绳子捻动，桶开始转动。起初，桶中的水表面保持水平，但是随着摩擦力逐渐地把桶的旋转传递给水本身，水也开始转动，并且由于"离心力"把水推向桶的边缘，水的表面呈现凹的形状。如果抓住桶使其停止转动，水将继续旋转并且水平面呈凹形。逐渐地，水的旋转慢下来，水的表面也变得越来越平，直至停止旋转并完全具有平的表面。

牛顿指出旋转水表面的凹形表明水"知道"它是在旋转。但它在相对什么旋转呢？桶和水的相对运动似乎完全不重要。如果桶和水都是静止的，那么没有相对运动，水是平的；如果桶是旋转的而水是不转的，尽管存在着水和桶的相对运动，水的表面仍然是平的；如果水是旋转的而桶是不转的，存在着二者之间的相对运动，并且水表面是凹的；如果水和桶都是旋转的，水和桶之间没有相对运动，水表面是平的。因此牛顿推断出，水"知道"它相对于绝对的空间是否在旋转。

在 18 世纪，哲学家乔治·伯克利提出了另一个解释。他强调所有的运动必须相对于某可见物体来测量。他指出在著名的水桶实验中，似乎重要的是水是怎样相对于那时所知道的最遥远的物体——固定的恒星——运

---

① 不要被一个物体在月球上的重量比在地球上的轻的事实所迷惑：这不是因为物体本身的变化，而是因为月球表面的万有引力比地球表面上的万有引力要小。在月球上外界力变小，物体的惯性响应对应于那个减小的外界力，因此物体变轻。

动。当然，现在我们知道在宇宙中恒星是我们地球相对近的邻居，在银河系之外有几百万个其他星系。不过伯克利的解释仍然是成立的。如果水相对于遥远的星系是不旋转的，水桶中水表面将是平的；如果水相对于遥远的星系是旋转的，水的表面将呈凹形。同样，加速度似乎也是相对于遥远的星系，即相对于宇宙中所有物质的平均分布来测量的。因而，当你试图去推动一个物体时，它要固定其相对于宇宙中所有物质的位置并做出相应的响应。它有些像被万有引力固定在那里，这就是为什么万有引力质量和惯性质量相同的原因。

惯性的确定是由物体对浩大宇宙的反应所产生的，这一想法常被称为马赫原理，19 世纪为纪念奥地利物理学家恩斯特·马赫（Ernst Mach），用他的名字作为一个物理单位，即马赫数——速度相对于声速的大小。关于惯性的本质马赫也作过长时间的和艰苦的思考。

正如我已经提到的那样，马赫的想法——本质上是伯克利想法的延伸——对爱因斯坦影响很大。爱因斯坦强调因为惯性力在本质上是万有引力，因而二者确实完全一致；他曾试图把马赫原理——即整个宇宙对任一万有引力质量的反馈——并入他的广义相对论之中。沿着这一条线索，我们很容易做出一个朴实的论断：在所有遥远的星系（和其他任何东西）中，所有质量通过万有引力作用伸出手抓住地球（和其他地方）上每一样东西，例如我书桌上这堆计算机软盘。当我试图移动一张软盘时，对于这个工作，我必须用的力的大小是宇宙抓紧这张软盘力量大小的测量值。

把所有这些建立在一个可靠的科学基础上是非常困难的。软盘怎样即时地知道它应给出多大的力量阻止我去移动它呢？一个有趣的可能性（以朴素的图像）是通过拨弄物体或改变其运动而向宇宙中发出某类万有引力波，这个波扰动了宇宙中其他物体，因而有一种回音返回，聚到被干扰的物体上并使其维持原状不变。如果信号——包括万有引力波——只能够以光速传播，那么等到回音返回，并且软盘决定应该怎样对其被推动做出反应时，这似乎需要无穷无尽的时间。

当然，除非有某种方法把时间对称的惠勒－费曼吸收理论的原理融于万有引力的描述中，以至于某些与反馈有关的万有引力波随着时间向后传播。由于惠勒－费曼电磁辐射理论是在爱因斯坦提出万有引力理论30年之后提出的，并且那时无人重视它，因而由马赫原理提出的这个疑难的解决不得不等了很长时间以后才建立在合适的数学基础上。

自爱因斯坦提出他的广义相对论以来，一直存在着是否它确实以令人满意的方式融于马赫原理中的争论。至少它确实向包含马赫原理的方式上前进了一段，因为在空间中一个任何位置处的物体的性质取决于在那个位置的时空弯曲曲率，而这个曲率取决于宇宙中所有物质的组合的万有引力影响。但是它仍需要解决决定时空弯曲的"信号"以多快的速度从一处传到另一处的问题。由于那些远距离的星系在运动着，它们的影响应该始终变化。这些变化是以光的速度传播呢，还是即时的？如果是即时的，它们怎样传播的呢？

争论的一个有趣的方面是，如果宇宙中有足够的物质而使时空依自己重力弯回，那么爱因斯坦的方程只能够产生类似马赫原理影响的那类物质。在一个"开放的"宇宙中，即在各个方向无穷扩展，方程从来不能够与有限数量的惯量相平衡。这以前是一个反对声称广义相对论融入了马赫原理的论断，因为那时人们认为宇宙是"开放的"。正如我们在第二章中看到的那样，情况已发生了变化，现在似乎有强烈的证据表明宇宙确实是"封闭的"。当然，这是为什么惠勒－费曼吸收理论本身现在引起普遍重视的原因。

1993 年，加州大学的朱书远（音译）发表了一篇说明风现在正吹向什么方向的论文。[①] 按照对惠勒 – 费曼理论的一个变形的思路，朱书远一直在研究贝尔不等式，所以我写信询问他还在做什么，得知，除其他事情外，他还在研究在万有引力状态下如何做量子力学。这巧妙地把粒子物理中某些最新的思想与时间对称的惠勒 – 费曼模型结合起来，用以说明万有引力从哪里产生。在写信的时候（1994 年 3 月）这个工作仅以加州大学"初印本"的形式存在。它描述道，它像这类书籍中的任何一本一样能够向你提供最新的研究一瞥；在这本小册子里包含了如此多的思想，以至于不能让你错过而不提。

△ 把万有引力串起来

首先，让我们做一个小的迂回，解释一下粒子物理故事的最后一部分。20 世纪 90 年代，粒子物理学家在探索像电子和夸克等粒子水平上物质内部情况的道路上不再停滞不前。在另外一个把"基本"粒子分开，以便发现其内部存在什么的历史过程的概述中，80 年代中期某些粒子物理学家为一个新发现所迷住，即如果像夸克和电子之类的粒子由更小的称为弦的实体所组成，那么，它们的性质就能够得到解释。顾名思义，这些"新"的实体不同于其他粒子所熟悉的弹性球模型之处在于它们具有长度，即在一维上延伸，照字面上说像一根极短的弦。

---

① 《物理评论快报》，1993 年第 71 卷第 2847 页。

图 25　弦的形成

弦有两种形式——闭环或开端。

"极短"是一个有物理讲究的词。一个典型的弦仅有 10^{-35} 米长，因此，需要 10^{20} 根这样的弦一根一根接起来，才能跨过一个质子的直径。不存在直接的实验证实这样的弦是存在的。探测在这样的尺度上相互作用的实验需要比地球上建立的任何可设想的粒子加速器所能提供的能量大得多的能量。但是，它们存在的可能性是基于一个有充分证据的粒子相互作用规律的理论；这部分地归结为把原始的量子电动力学和量子色动力学方法包含在一个能描述一切的理论之中。

我曾说过，没有任何理论和模型是描述粒子世界的"真理"，所有的理论和模型在试图提供一个我们能够理解的图像和我们能够利用的预言的模型的方面或多或少是成功的。基于这个标准，弦理论的确是成功的。尽管在粒子加速器的实验中，没有人看到过弦，或甚至是探测到弦，但像电荷这样的性质可以解释为"系"在弦的端点，粒子的相互作用可以根据弦的碰撞和连接或分开来解释。甚至证明振动弦的封闭环像极小的弹性带，自动地具有引力子——即传递万有引力的粒子，等效于光子传递电磁力的方式——的性质。整个理论是自洽的、合乎逻辑的，并且（在数学上）同其他任何理论一样，是一个对世界如何运行的极好解释。其不足之处是还没有方法应用牛顿的最终实验验证。但是这没有阻止理论学家试图用这个理论来解释已经知道的宇宙特性——这正是朱书远已经做过的。

朱书远对万有引力的研究是借助于以惠勒－费曼方法为基础的时间对称描述，试图解释在这个水平上的相互作用。这个过程清除了"场"（例如电磁场和万有引力场）作为独立实体的思想。粒子是以时间对称的方式——即以连续反馈的形式交换超前和延迟"信息"——与其他粒子相互作用。我们以前认为的连续场，例如万有引力场，是通过对涉及物质很小部分的所有相互作用取平均而建立的。连续的万有引力场是从对必须比所涉及的粒子尺度大的尺度上取平均的过程中体现的。如果粒子实际是由弦组成的，其尺寸小到需要 10^{20} 个弦才能跨过一个质子，这意味着即使在一个质子的尺度上，万有引力似乎是非常光滑的和连续的。正如朱书远所说，"时空的弯曲只不过是编织在弦构成的世界毯中运动图案的反映"。

这个方法的含义之一是牛顿经典粒子运动轨道的描述来源于对粒子性质的统计平均。"在我们对强的颤抖取平均之后……弦在其余粒子轨道的附近作小尺度的颤抖。"这既与费曼的路径积分（对历史求和）方法相呼应，也与伊利亚·普里戈金的从热力学发展而来的理解粒子世界的统计方法相呼应。在这里我们不能够详细探讨所有这些细节，因为这需要像这本书一样厚的另一本书。普里戈金和朱书远却构造了对现实的描述，在这里统计是最基本的，经典粒子轨道来源于统计。用朱书远的话说，不管在经典世界还是量子世界中，"力学的基础好像建立在统计之上……人们应当从统计中而不是用其他方法推导出力学"。

与热力学的联系是明显的。热力学中关键的概念是熵，即测量系统与平衡态接近程度的性质。朱书远的描述表明爱因斯坦运动方程是在最大熵的平衡条件下对粒子轨道的正确描述。但是，正如原始的惠勒－费曼理论（和试图把马赫原理并入广义相对论中）那样，必然存在着从今天弦产

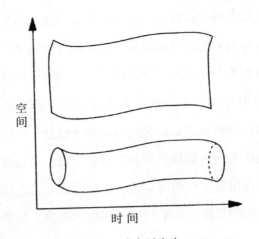

图 26　弦在时空中

当开端的弦穿过时空时，它们扫过"世界毯"；当封闭环穿过时空时，它们扫过"世界管"。

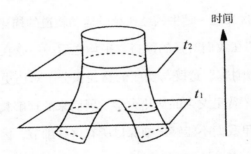

图 27　弦的两个环的运动

弦的两个环在时空中运动并合并，产生一条"时空裤"。

生的所有辐射全部地吸收到未来中，换句话说，宇宙是封闭的。1993 年，在一封给我的信中，朱书远简单地总结道："经典力学描述的是平衡条件（因而在经典力学中不存在任何概率的说法）；基于力学描述的是涨落；路径积分是沿着对系统中大量弦求和的形式。"

对近几年进行宇宙争论的任何人来说，都会有一个奖赏。爱因斯坦的宇宙描述——即广义相对论方程——包含一个常数，称为宇宙常数，它困惑了天文学家 70 多年。在爱因斯坦的方程中没有任何方法能够预言这个常数的值，并且似乎它可以是任意值。然而关于宇宙在膨胀的观察表明它必须是非常非常接近零的。即使一个小的宇宙常数也会对我们看到的宇宙膨胀方式产生很大的影响。然而，朱书远对万有引力的描述与爱因斯坦的描述在比一个弦尺度大得多的距离上是完全一致的，但在朱书远的描述中根本不存在宇宙常数。

回到贝尔不等式，问题是实验表明两个分离的粒子之间有即时的关联。朱书远在《物理评论快报》一书中的论文指出："两个空间分离粒子的即时关联可以通过第三个粒子建立，这个粒子与其中一个粒子通过超前相互作用关联，而与另一个通过延迟相互作用关联。"

这是他试图利用弦理论把惠勒－费曼方法并入量子力学描述，然后并入万有引力描述中的动机。他那时没有意识到的是这种方法的哲学基础已经由在西雅图的华盛顿大学的约翰·克雷默在他 20 世纪 80 年代发表的一系列未被人们注意的论文中铺垫起来。克雷默对量子力学的"相互作用解释"正是使用了这种方法；朱书远把类似的思想应用到弦理论和万有引力，成功有力地指出不久的将来这将是一个丰富的物理领域。当我告诉朱书远关于克雷默的工作时，他说："如果当时我知道在这些讨论中超前相互作用已经作为一个可能时，那么在把惠勒－费曼时间对称电动力学的弦理论普遍化的研究过程中肯定会减轻我的担心。"

好，对于任何想得到一个由贝尔不等式、阿斯佩实验以及薛定谔的猫提出的疑惑的唯一"答案"的人，准备把所有这样的担心抛到一边去吧，因为在这里有一个能够提供一个在量子水平上世界如何运行的最好的、通用的图像的解释。

△　复杂性的简单方面

严格地说，惠勒－费曼理论的最初描述是一个经典理论，因为它没有考虑量子过程。尽管如此，至 20 世纪 60 年代研究者们已经发现确实存在着由相互重叠和相互作用波的复杂性引起的两种稳定情形，一种随时间向前传播，另一种随时间向后传播。这样一个系统必然被终止，或者被延迟辐射（像我们的宇宙）所终止，或者被超前辐射（等价于随时间向后退的宇宙）所终止。在 20 世纪 70 年代初期，少数宇宙学家被为什么在我们的宇宙中应该有一个时间方向的困惑所迷住，提出了确实考虑量子力学的惠勒－费曼理论的一个变形。实际上，他们发展了量子电动力学的惠勒－费曼理论。伊瑞德·霍利和吉安特·纳里卡使用了路径积分方法，而保罗·戴维斯使用了另外一个被称为 S 矩阵理论的数学方法。数学的细节无关紧要，重要的是在每一种情况下他们发现惠勒－费曼吸收理论能够变成一个完全量子力学的模型。

宇宙学家对所有这些感兴趣的原因是下述一个建议，仍然只不过是一个建议：为什么我们的宇宙应该被延迟波支配着，因而应该存在着一个确定的时间方向的原因与宇宙本身表现出时间不对称（在过去是大爆炸，而在将来可能最终坍塌成一个大挤压）的事实相关联。惠勒－费曼理论提供了一个这里和现在的粒子能够"知道"宇宙的过去和将来状态的方法，这些"边界条件"可能选择了延迟波起支配作用。

但所有这些仍然仅适用于电磁辐射。由约翰·克雷默所做的巨大飞跃，在于把这些思想延伸至量子力学波动方程（薛定谔方程本身）及描述概率波（这些概率波像光子一样以光速传播）的方程。他的成果出现在

1986 年发表的那篇详尽的评述文章中 [1]。这些成果未产生多大的影响，以至于当朱书远于 1993 年基于弦理论发展他的思想时，他从未听说过克雷默的解释。

为了把吸收理论的思想应用于量子力学，你需要一个像麦克斯韦方程的方程，它能够有两组解，一组等价于流向未来的正能量，另一组描述流向过去的负能量。乍一看，薛定谔著名的波动方程不符合这一要求，因为它仅描述向一个方向的流动，（当然）我们解释为从过去到未来的流动。但正如所有的物理学家在大学里学过的（并很快忘记的）那样，这个方程被广泛使用的形式是不完备的。正如量子先驱者们自己意识到的那样，它没有考虑相对论的要求。在大多数情况下，这无关紧要，这就是为什么学物理的学生，甚至经常使用量子力学的人，都乐于使用方程的这种简单形式。但是适合相对论效应的波动方程的完整形式是与麦克斯韦方程非常相似的。特别是它具有两组解，一组对应于熟悉的薛定谔方程，另一组对应于一种描述负能量流向过去的镜像薛定谔方程。

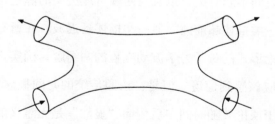

图 28　两个粒子的相互作用

根据弦理论，两个粒子之间的相互作用用世界量的合并与解做解释；这种图可以作得很复杂，涉及多个弦的环，这与计算电子的磁矩时所包含的意思相类似。

---

[1] "量子力学的相互作用解释"，《物理评论快报》，1986 年第 58 卷第 647 页。

在根据量子力学计算概率时，这个双重特性表现得最明显。一个量子系统可以用有时称为"态矢量"（实际上为波函数的另一种名称）的数学表达式来描述，这个"态矢量"包含有关量子整体态的信息（如位置、动量及系统的其他性质，例如简单地说可能是一个电子波包）。总的来说，这个"态矢量"包括普通数（实数）和虚数（含有 i——即 -1 的开平方的数）的组合。由于明显的原因，这样一个组合称为一个复变量，它可写成实部加上（或减去）虚部。比方说，为计算出在一个特定的时间一个特定的位置发现一个电子的可能性，所需要的概率计算取决于计算出对应于这个电子特定状态的态矢量的平方。但计算一个复变量的平方不是简单意味着自己乘以自己，而是必须做出另一个复变量，一个称为复共轭的镜像形式，通过变化虚部前面的符号——如果它是"＋"则变成"－"，反之亦然，然后这两个复数相乘即给出概率。但对于描述随着时间变化系统如何变化的方程，这种变化虚部前面的符号，并找出复共轭的过程等价于变换时间的方向。早在 1926 年，由马克斯·玻恩所提出的基本概率方程本身就包含着与时间本质有关，以及与两种可能类型的薛定谔方程有关的显示形式，其中一类描述超前波，另一类描述延迟波。在所有这些之后，了解到完全相对论形式的量子力学波动方程的两组解，确实正好是互相共轭的，对此，不应该感到惊讶。但是，按照传统的时间概念，在大约 70 年的时间里，由于谈论波随时间向后传播"显然"是无意义的，大部分物理学家多半忽略了两组解中的其中一组。

显著的喻义是：自 1926 年以来，每一次当一个物理学家做简单的薛定谔方程的复共轭，并将其与方程结合起来用以计算一个量子的概率时，他实际上正在考虑方程的超前波解，以及随时间向后传播的波的影响，但并没有意识到这一点。在克雷默对量子力学解释的数学中，根本不存在什么问题，因为数学——实质上即薛定谔方程——是与标准的哥本哈根学派的解释完全类似。其差别照字面上说只是解释不同。正像克雷默在1986年发表的论文中（第660页）写道："场实际上只是为描述超距离作用过程的数学方便而已。"这正好是朱书远7年后独立得到的观点。因此，在说服了你（我希望是这样）这个方法是有意义的之后，让我们看一下它怎样把量子世界中的疑惑和悖论解释过去。

△　与宇宙握手

克雷默描述一个典型量子"相互作用"的方法是依据在时间和空间中一个粒子与别处的另一个粒子的"握手"。你可以依据一个电子发射的电磁辐射被另一个电子吸收来想象这一点，尽管这个描述适合于由于相互作用以一个状态开始，以另一个状态结束的量子整体态矢量，例如，从双缝实验的一面的一个源辐射的态矢量和被实验另一面的一个探测器吸收的一个粒子的态矢量。使用普通语言做任一这样描述的困难之一，是怎样处理在时间上同时向两个方向进行，以及就日常世界中对时钟而言即时出现的相互作用。克雷默通过有效地站在时间之外并依据某种类型的赝时间使用语义构建描述做到这点。这只不过是一个语义构建描述，但它确实有助于直接地获得图像。

它是这样工作的。基于这个图像，当一个电子振动时，通过产生一个场试图辐射能量，而这个场是一个传播向未来的延迟波和传播向过去的超前波的时间对称组合。作为得到一个将要发生什么的图像的第一步，忽略超前波并跟随延迟波。延迟波传向未来，直至它遇到一个能够吸收场所携带能量的电子。吸收的过程涉及使正在做吸收的电子振动，这个振动产生出新的延迟场，它正好抵消了第一个延迟场。所以，在吸收者的未来，净效应是不存在延迟场的。

但吸收者也产生一个负能量的超前波，随时间向后沿着原来延迟波的路径传向发射者。在发射者处，这个超前波被吸收，使得原来的电子以发射第二个传向过去的超前波方式缩回。这个"新"的超前波正好抵消了"原来"的超前波，因而在原来的辐射发生的时刻之前不存在有效的辐射向过去传播。剩下的是一个连接发射者和吸收者的双波，它由携带正能量传向未来的延迟波的一半和携带负能量传向过去（沿着负时间的方向）超前波的一半构成。因为负负得正，这个超前波加到那个原来的延迟波上就好像是一个从发射者到吸收者传播的延迟波。[①]

按照克雷默的话说："发射者可以看成是产生一个传向吸收者的'给予'波。然后吸收者向发射者返回一个'确认'波，相互作用通过一个穿越时空的'握手'而完成。"[②]但这仅仅是一个从赝时间观点来看的事件结果。实际上，这个过程是即时的、是迅速发生的。这是因为以光速传播的信号不需要时间就完成了任何旅程。实际上，对光信号来说宇宙中的每一点都是与宇宙中的另外一点紧挨着的。不管信号是随时间向前传播还是向后传播都是没有关系的，因为（在它们自己的坐标系中）它们不需要时间，即+0与−0是一样的。

在三维的空间中情况会更复杂，但是结论是完全一致的。考虑一个最

[①] 如果你从称为"吸收者"的电子发射传向过去的辐射开始整个论述同样适用；相互作用解释本身没有指出哪个时间方向是优先的，但建议它与宇宙的边界条件相关联，这个边界条件决定了时间方向离开了大爆炸。

[②] 参见约翰·克雷默，"相互作用的解释"，第661页。

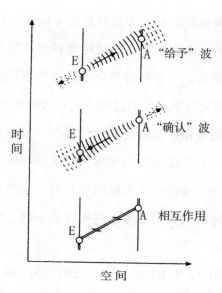

图 29 约翰·克雷默对"相互作用"的解释

从上往下看，一个发射者 E 向未来和过去发射一个"给予"波（图上）；这个波被一个吸收者 A 接收，它向发射者发射一个随时间向后传播和传向未来的回应"确认"波（图中）；除了发射者和吸收者之间的直接路径，在宇宙中的任意处"给予"波和"确认"波互相抵消；在连接发射者和吸收者的直接路径上两个波互相加强，产生了一个量子相互作用（图下）。为解释所有的量子神秘性，这个图是你所需要的一切，它是我们时代的想象。

极端可能的情况，在一个仅含有一个电子的宇宙中，电子将根本不能产生辐射（如果马赫原理是正确的，它也不会有质量）。如果在宇宙中仅还有另外一个电子，那么第一个电子能够产生辐射，但它仅沿着第二个"吸收"电子的方向辐射。在实际宇宙中，如果物质在最大的尺度上不是均匀分布的，并且存在着在某些方向上比另一些方向上更小的吸收能力，那么我们会发现发射者（例如无线电天线）将"拒绝"向各个方向做同样强度的辐射。为证明这种可能性，实际上已通过把微波向宇宙不同方向发射的方法做过这种尝试，但是实验表明不存在电子不情愿向一个特定方向辐射的任何迹象。

克雷默努力强调他的解释，并没有给出不同于传统量子力学所能给出的预言，这提供了一个有助于人们清晰地理解在量子世界中事情是怎么进行的概念型的模型，一个在教学中可能有特别用途的，以及在对其他神秘的量子现象建立直观了解的过程中有很大价值的工具。在这方面，你不必觉得相互作用解释存在着与其他解释相比较的缺点，因为，我们已经看到它们中无一不是帮助我们理解量子现象的概念型模型，而且它们都给出相同的预言。选择一个解释而不是另一个的唯一有价值的标准是：看它是否有效地帮助我们思考这些神秘的东西，依据这个标准，克雷默的解释必胜无疑。

首先，它不仅提供了比为什么存在着时间方向的提示更多的东西，而且它把所有物理过程建立在同等的基础上。没必要对观察者（有智慧的或其他的）或对测量仪器指定一个特殊的状态。这一下子就消除了持续了半个多世纪之久的关于量子力学意义的大部分哲学争论的基础。超越了关于观察者角色的争论，相互作用解释确实解决了那些经典的量子神秘性。我将只给出两个例子——克雷默如何处理双缝实验，以及如何对阿斯佩实验给出有意义的解释。

如果我们准备解释双缝实验的神秘之处，我们也应该做到尽善尽美解释一下这个神秘之处的最后说法——约翰·惠勒对这个题目的一种变形，即前面讨论过的"延迟选择实验"。在这个实验的描述中，一个光源发射一系列通过双缝实验的单个光子。在另一边是一个能够记录光子到达位置的探测屏，屏能够折倒，在这种情况下光子继续前进，使它们穿过聚焦在狭缝上的一对望远镜（一个望远镜聚焦一个狭缝）中的一个或另一个。如果屏是倒的，望远镜将观察到穿过狭缝的单个光子（一个光子穿过一个狭缝），此时没有干涉条纹；如果屏是竖起来的，光子似乎穿过两个狭缝，并在屏上产生干涉条纹。屏可以在光子通过狭缝以后再折倒，因此，光子决定采取什么样行为的图案似乎由它们做出决定之后所发生的事件决定。

根据克雷默对这个事件的描述，一个延迟的"给予"波（为讨论的目的由"赝时间"检测）穿过实验中两个狭缝。如果屏是竖起来的，波由探测器吸收，引发出一个超前的"确认"波，向后传播并穿过两个狭缝到达光源。沿着两条可能的路径（实际上，如费曼强调的那样，沿着每一条可能的路径）最后的相互作用形成了，因而出现了干涉条纹。

如果屏是倒的，"给予"波继续前进到达瞄准狭缝的两个望远镜。由于一个望远镜只瞄准一个狭缝，因此，只有可能由"给予"波与望远镜本身相互作用产生的任何"确认"波向后穿过望远镜所瞄准的狭缝到达光源。当然，这个吸收事件必须涉及一个整个光子而不是一个光子的一部分。尽管每个望远镜可以向后发射一个"确认"波穿过各自的狭缝，但是光源必须（随意地）"选择"接收哪一个波，结果是单个光子通过单个狭缝的最后相互作用。演化的光子态矢量"知道"屏是否在竖起来或要倒下去，因为"确认"波确实随时间向后传播穿过仪器，但是，如同以前，整个相互作用是即时的。

观察者决定要进行哪个实验的问题不再重要。观察者确定了实验配置和边界条件，相应的相互作用形式。进而，探测事件涉及一个测量（这不同于任何其他的相互作用）的事实不再重要，因此，观察者在这个过程中没有起什么特殊作用。

你可以自娱自乐，给薛定谔的猫（和维格纳的朋友）找出一个类似的解释。再一次，重要的是最后的相互作用只有一种可能性（死的猫或活的猫）变成现实，并且因为"波函数的坍塌"不一定等到观察者看到盒子的里面，因此，不存在猫一半是活的一半是死的时间。相互作用解释是多么有力和直接的标志，使我确信你能够为你自己找出详尽的解释，而不需要我把它说出来。

关于贝尔不等式、爱因斯坦－波多斯基－罗森悖论，以及阿斯佩实验又怎样解释呢？毕竟，它们在 20 世纪 80 年代再一次引起了人们对量子力学意义的兴趣。从吸收理论的观点，对它们的理解是不存在什么困难的。我们设想（仍根据赝时间想象）将要发射两个光子的处于激发态的原子向各个方向及相应的各个可能的偏振态发射给予波。仅当确认的超前波从一对合适的观察者向原子随时间向后发出后，相互作用完成了，并且光子实际发射了。一旦相互作用完成，光子被发射和被观察，产生了一对探测事件，在那里光子的偏振态是互联的，尽管它们在空间上是远离的。如果确认波不与一个允许的偏振关联相匹配，那么，确认波不能够证实这相同的相互作用，因而它们不能够建立起"握手"。从赝时间的观点，一对光子只有在它们被吸收的安排完成以后才能够被辐射，并且吸收安排本身决定了辐射的光子的偏振状态，尽管在吸收发生之前它们不能够被辐射。事实上，原子辐射的光子状态不符合探测者所允许的那种吸收是不可能的。的确，在吸收模型中原子根本不能够辐射光子，除非已经构成使它们被吸收的状态。

同样，对于飞向星系的两个相反端的两只猫，情况是相同的。确定电子在哪半个盒子中，由此确定哪一只猫是活的，哪一只猫是死的。这种观察随时间向后瞬时地（应该说，即时地）反射到实验的开始，这就决定了在猫被锁在它们的飞船里（没有被观察）的整个过程中猫的状态。

如果在特殊的时间链中存在一个特别的连接，那么它不是结束时间链的连接，它是事件链开始时的连接。那时发射者在从给予波那里接收到各种确认波之后，把其中之一加强，使这个确认波转换成作为一个完成的相互作用的现实。这个即时的相互作用在结束时不存在"什么时候"的问题。

在解决量子物理中所有疑惑方面的巨大成功是以接受似乎与我们的普通感觉相背离的思想为代价的，这个思想即部分量子波随时间向后传播。乍一看，这是与原因总是在它所引起的事件之前这一普遍直觉完全不一致的。但仔细观察一下，就会发现这种由相互作用解释所要求的时间传播，根本不违背日常因果关系的概念，同样所有这些跨越宇宙的即时握手并不一定消除我们人类最骄傲的品性，即我们自由的愿望。

△ 拿出时间去制造时间

在日常世界中，很显然结果总是在原因之后。当我在我的脑海里制定出下一句话是什么之后，便在计算机上轻敲键盘，不一会儿相关的字母出现在计算机屏幕上。（嗳）这可不是单词首先出现在屏幕上，然后我去读它，再去制定我要说什么。当借助于随时间向后传播的超前量子波产生一个即时的握手时，并不需要对日常世界中因果逻辑关系产生什么影响。

克雷默认为存在着两种因果关系，他称之为"强的"和"弱的"因果关系。"弱因果关系原理"适用于日常世界（"宏观"世界），它是我们关于时间普通感觉的概念基础。可表述为：在任意坐标系中，宏观的原因必须总是在其宏观结果之前。宏观信息从不可能以超光速传递，或随时间向后传递，大部分人会赞同这个观点。克雷默也定义了"强因果关系原理"，可表述为：一个原因必须总在其所有结果之前，因此，即使在微观的尺度上（即量子尺度上）信息也不能够随时间向后传递或超光速传递。这经常被认为是弱因果关系原理的一个显然的推广，但克雷默指出实际上不存在强因果关系的实验证据。的确，存在着这样的实验证明——贝尔不等式的试验——清晰地表明，不管你赞同哪种量子力学解释，"微观"的因果关系都是不成立的。在吸收理论中，强因果关系总是不成立，但只要吸收总是沿着未来的方向，弱因果关系是不违背的。

你不会感到惊讶，相互作用解释处理时间的方式不同于普通感觉，因为相互作用解释明显地包含相对论效应，并且我们已经看到，当它描述时间时它是多么非常识性。相反，哥本哈根学派的解释是以经典的、"牛顿"的方式处理时间的，这正是在试图用哥本哈根学派的解释来解释像阿斯佩实验这样的实验结果时不一致的中心所在。如果光速是无限的，问题将会消失；这将不存在涉及贝尔不等式过程的局域性和非局域性描述之间的差别，并且普通的薛定谔方程将是描述事情发展的精确方程——实际上，当光速是无限时，普通薛定谔方程是正确的"相对论"方程。克雷默实际上已经发现了一个在相对论和量子力学之间的相当精巧的联系，并且这正是他的解释的中心所在。

即时的握手怎样影响可能出现的自由意志的呢？乍一看，好像任何东西都是由过去和将来之间这些通信固定的。发射的每一个光子已经"知道"它将在什么时候在什么地方被吸收；以光速流过双缝实验中狭缝的每一个量子概率波已经"知道"在另一侧什么类型的探测器在等待它。从一个光子的角度来看，我们面临着一个冻结的宇宙图像，在那里时间、空间不再有任何意义，万物的过去、将来如同现在一样。

但是，请记住，这是一个光子的观点，或以光速运动的任何其他东西（例如量子概率波）的观点。对于像人类的宏观物体，时间足够实在。在我的坐标系中，我仍有时间决定下一个句子将是什么，是否现在休息一下吃午饭或 20 分钟以后再休息。我做的决定可能产生一个即时量子联系的联结网，因而一个光子，如果它会说话的话，会告诉我，我的这些决定将怎样影响我未来的生活；但是弱因果关系原理使我免于任何这样的从微观世界到宏观世界的信息泄露。在我的时间坐标中，这些决定是由真正的自由意志做出的，并且不确切知道它们的结果。（在宏观世界中）做出引起微观世界中即时现实的这些决定（人类的决定和像涉及原子衰变的量子"选择"）需要时间。我们的经历更像克雷默的"赝时间"，而不像作为量子相互作用基石的即时握手。

至少我是这样看待它的。就像文中其他任何东西一样，这仅仅是一个类比、一个想象或一个模型。你可能会发现另一个考虑我们日常时间感觉怎样与即时的量子世界相联系的方法。沿着约翰·贝尔的调皮的建议，你可能倾向于接受根本不存在像自由愿望之类的事情，相互作用解释的成功证明了任何事情都是预先注定的（从人类的观点看），以及我除了写这本书别无选择，并且你除了读它也别无选择。尽管在微观的水平上宇宙的非局域性可能使我们不舒服，可能使我们很难理解日常所说的过去、现在和将来之间的关系，但是请记住，这不是由相互作用解释所给出的特征。它是一个实验事实，在任何对"量子世界"给出的满意解释中所必须考虑的一个事实。此外，把时空不同部分即时连成一个相关的整体，似乎相当符合在第二章中讨论的连续时空"历史"的相对论的图像。相互作用解释的成功多半根基于它公正地面对这个问题的方法，它从由证明贝尔不等式的实验所揭示的量子世界的即时性向外扩充。

我再次强调所有这样的解释是想象，是有助于我们在量子水平上给出事物是怎样发展的形象图像以及做可验证的预言的拐杖。它们（它们中的任一个）不是唯一的"真理"，但是它们是"实在的"，尽管它们之间不互相一致。克雷默的解释是我们时代一个极好的想象，它易于用来构造事物是如何发展的物理图像，对下一代科学家来说，它将会幸运地代替哥本哈根学派的解释作为量子物理的标准考虑方法。

它是向初学者（即对还没有被哥本哈根学派解释所误导的任何人）讲授量子物理的一个极好的方法。正如克雷默所说：

> 由于哥本哈根学派的解释在讲授量子物理的 50 年中的传统角色，要偏离它可能是特别困难的。
>
> 然而对物理过程的新解释的价值不应该被低估。在物理学许多领域中的经验表明：进步以及新的思想和方法是受清楚地想象物理现象的能力所激发的。

早在 1977 年，在讨论根据原则上涉及整个宇宙的相互作用来理解量子实验结果的困难时，弗莱德·霍利评论道："终有一天成功会来到，但是，它仅来自物理学的非局域形式，一种目前还不流行的物理学。"[①] 霍利的预见性评论以及克雷默的希望有充满在像朱书远关于万有引力本质的工作中的征兆。这不是量子力学故事的结束，而是量子力学故事中一个新章节的开始。最后我用一个权威性的讽刺来结束这个故事的叙述。

在 20 世纪所有伟大的物理学家当中，最清楚、最经常表述量子力学的标准形式及量子力学的本质不可理解性的就是理查德·费曼。例如，在 20 世纪 60 年代中期，他在《物理定律的特性》一书中写道：

---

① 参见弗莱德·霍利：《宇宙的十个面》（伦敦，荷曼，1977 年），第 128 页。

曾有一段时间报纸上说只有 12 人理解相对论。我认为没有这样的一段时间。可能有一段时间只有一人懂得相对论,因为在他的论文发表之前他是唯一懂得它的家伙。但是在人们阅读了他的论文之后,许多人以这种或那种形式懂得了相对论,肯定不止 12 人。另外,我认为可以完全有把握地说没有人理解量子力学……如果你有可能做到的话,不要再对自己说:"那么它怎么会是那样呢?"因为你会"沿着排水沟"进入一条黑胡同里,从那里还没有人逃出来过。没有人知道它怎么会是那样。①

当然,具有讽刺意味的是,从黑胡同逃出的办法是来自费曼在做出上述评述 20 年前所提出的光的理论。当然又过了 30 年它才变得清晰。它可能仅是我们时代的一个想象,但是约翰·克雷默的相互作用解释的伟大之处是它的确允许你询问"那么它怎么会是那样呢?"的问题,并且提出一个不涉及"沿着排水沟"行进的简单和容易理解的答案。关于量子力学的任何解释你还有什么要问的吗?

---

① 参见理查德·费曼:《物理定律的特性》,第 129 页。

除了我在正文中所给出的特殊参考书目（它们通常是比较专业的书籍和科学论文），下面这些也是我发现在创立关于量子世界的意义及物理学在做什么的思想时特别有益（在某些情况下，特别有影响）的书籍。在这个参考书目中我也列举了我自己的几本书籍，因为它们展现了在过去的20年中我自己的思想是如何发展和变化的。

David Albert, *Quantum Mechanics and Experience*, Cambridge, Mass.: Harvard University Press, 1992

《量子力学及其经验》

本书论述了量子力学的"多种思想"解释的情况，但我对它完全不信服。如果你对这个思想感兴趣，这里是发现这个论断对你有多大说服力的地方。

Hans von Baeyer, *Taming the Atom*, London: Viking, 1992

《操纵原子》

本书给你一个关于原子和分子世界的绝妙体会。它包含了单个原子、DNA 分子，以及微观世界中其他奇观等极其精彩的照片。但是请留意某些错误，其中包括氢原子结构的"解释"。

Jim Baggott, *The Meanig of Quantum Theory*, Oxford: Oxford University Press, 1992

《量子理论的意义》

这是一本由一位物理学家所著的有些专业性的书。作者到 1987 年才惊讶地发现贝尔法则，此前，由于作者不知道量子非局域性的重要性，当你阅读本书时，会为他对刚刚发现所有神秘的朴实天真的感觉所吸引。

Ralph Baierlein, *Newton to Einstein*, Cambridge: Cambridge University Press, 1992

《从牛顿到爱因斯坦》

由于这本书面对的并非物理专业的大学生，因而适合于对这个题目感兴趣的任何人。它介绍了光作为粒子和波的双重性，总结了狭义相对论的理论。它仍然是一本教材，但比大多数教材更易理解。

J.S. Bell, *Speakable and Unspeakable in Quantum Mechanics*, Cambridge: Cambridge University Press, 1987

《量子力学中的可说与不可说》

这是约翰·贝尔关于量子理论中观念的和哲学的问题的论文全集。某些问题是很容易理解的，但另外一些问题则专业性很强。

Paul Davies, *Other Worlds*, London: Pelican, 1988 ; original edition London: J.M.Dent, 1980

《多个世界》

这是一本很好地综述了量子概念，但又稍有些过时的书。本书著于阿斯佩实验之前。作者给出了"多个世界"理论的极好总述，讨论了使世界按其方式运行的人类"巧合"。

Paul Davies and J.R.Brown (eds), *The Ghost in the Atom*, Cambridge: Cambridge University Press, 1986

《原子中的幽灵》

本书给出了"马嘴式"的描述量子理论意义的不同解释。它基于 BBC 电台一个系列节目的采访记录。著名专家以相同证据为基础，争论互不相容的可能性。这对围绕物理学家对量子力学意义理解的困惑给出了一个极好的例子。

David Deutsch, *The Fabric of Reality*, London: Viking, 1995

《真实世界的脉络》

作者给出了一个从休·埃弗雷特的"多个世界"理论发展而来的"量子世界"的很个人的观点。书中包括了某些关于时间本质的极有意思的思想。

J.W.Dunne, *An Experiment with Time*, 3rd edn, London: Faber & Faber, 1934

《一个关于时间的实验》第 3 版

本书给出了一个关于时间本质略带神秘性的讨论，它清楚地表明：为了测量日常时间的"流动"需要第二个时间层。为测量第二个时间层，需要第三个时间层，以此类推直至无穷。

C.W.F.Everitt, *James Clerk Maxwell*, New York: Scribner.s, 1975

《詹姆斯·克拉克·麦克斯韦》

这是一本易懂可读地介绍麦克斯韦生平及其工作的书。

J.Fauvel, R.Flood, M.Shortland and R.Wilson（eds），*Let Newton Be!*, Oxford: Oxford University Press, 1988

《让牛顿来吧！》

这是一本非常通俗易懂的关于牛顿及其工作的文章集。

Richard Feynman, *QED：The strange theory of light and matter*, London: Penguin, 1990

《量子电动力学》

这是一本于 1985 年出版的书的最近一次重印，它基于费曼于 1983 年在洛杉矶对非科学研究者所做的一系列演讲。这是费曼形象化地解释量子物理的一个极好的例子。

Richard Feynman, *The Character of Physical Law*, London：Penguin, 1992

《物理定律的特性》

这是一本于 1965 年出版的书的最新版，它基于 BBC 电台的一系列广播稿。包括量子理论一章，但是整本书值得一读——是地地道道的费曼"声音"。

Richard Feynman, *Six Easy Pieces*, Mass.: Addison-Wesley, 1995

《六则短文》

本书摘自费曼的著名物理课程的六个引言的讲义（见下），包括量子物理的引言。

Richard Feynman, Robert Leighton and Matthew Sands, *The Feynman Lectures on Physic, Vol.III* , Mass.: Addison-Wesley, 1965

《费曼物理讲义》卷 III

本书是费曼对量子理论的著名讲义。一本大学课本，适用于对这个课题感兴趣的任何人。

Richard Feynman and Steven Weinberg , *Elementary Particles and the laws of Physics*, Cambridge: Cambridge University Press, 1987

《基本粒子和物理定律》

本书是 20 世纪 80 年代中期，为纪念保罗·狄拉克在剑桥所做的两个报告的手稿。它提供了物理学家如何思维的极好说明。

Kathleen Freeman, *Ancilla to the Pre-Socratic Philosophers*, Cambridge, Mass.: Harvard University Press, 1983

《苏格拉底前的哲学家的助手》

包括第一章中提到的恩培多克勒的部分工作。

James Gleick, *Genius*, London: Little Brown, 1992

《天才》

本书以 20 世纪的物理学为背景，全面地介绍了理查德·费曼的生平和工作。

John Gribbin, *In Search of Schrödinger's Cat*, New York: Bantam and London: Black Swan, 1984

《寻找薛定谔的猫》

不要管你从书的哪一部分读起，都会出现最好的引导非专业人员进入量子理论的故事（姑且让我这么说）。

John Gribbin, *In Search of the Big Bong*, New York: Bantam, and London: Black Swan, 1986

《大爆炸探秘》

本书在量子物理思想的前提下，给出了宇宙起源的标准模型。

John Gribbin, *In Search of the Edge of Time*, New York: Harmony, and London: Black Swan, 1992

《寻找时间的边缘》

本书讲述了相对论理论的出现过程及其意义。其中包括对时间的理解以及时间行进的可能性。

John Gribbin, *In the Beginning*, New York: Little, Brown, and London: Viking, 1993

《起始》

本书讲述了有关宇宙起源的最新思想以及宇宙是按符合惠勒 – 费曼吸收理论的方式封闭的证据。

John and Mary Gribbin, *Time and Space*, London: Dorling Kindersley, 1994

《时间与空间》

本书试图以一个易理解、文字简明、插图丰富的方式提供一个对爱因斯坦相对论理论的简单解释。这可能有助于澄清《薛定谔的小猫》第二章中所表达的某些思想。

Herman Haken, Anders Karlqvist and Uno Svedin (eds), *The Machine as Metaphor and Tool*, Berlin: Springer-Verlag, 1993

《隐喻机器及工具》

这是一本由 1990 年 5 月在瑞典阿贝斯库举行的一个围绕机器及其在各方面作为隐喻（包括科学世界观）的研讨会发展而来的论文集。它的内容主要是有关大脑的，但与我在《薛定谔的小猫》第五章中讨论的主题也有关。

Nick Herbert, *Quantum Reality*, London: Rider, 1985

《量子实相》

一本可读性强但略为过时的书，书中阐述了量子理论的各种不同解释。

Roger Jones, *Physics as Metaphor*, Minneapolis, Minn.: University of Minnesota Press, 1982

《隐喻的物理学》

注意物理学家思考世界的方法，书中对有关模型与现实之间关系的平常假设提出了质疑。

Martin Krieger, *Doing Physics*, Bloomington, Ind.: Indiana University Press, 1992

《研究物理学》

这是一本拓宽思路的书。一本比我所知道的任何讨论都更清楚有力地讨论了在多大范围内物理学不仅是基础，更是一种类比和隐喻（换句话说是虚构）的系统的论述。本书推理严密，需要仔细地阅读。如果你努力地阅读了它，你就再也不会以同样的角度来看待科学的世界。

Thomas Kuhn, *The Structure of Scientific Revolutions*, Chicago: University of Chicago Press, 1970

《科学革命的结构》

这是一本关于科学家工作和思考方法的经典之作，以及科学家如何并且为什么经常地改变着他们的看法。

Jean-Pierre Maury, *Newton*：*Understanding the Cosmos*, London: Thames & Hudson, 1992

《牛顿：理解宇宙》

这是一本首先出版于1990年的法文著作的英译本。它是迄今为止最好的一本关于牛顿及其工作的"快速导读"书。这本总共144页的袖珍型书，文字浅显易懂，并配有彩色插图。

Dugald Murdoch, *Niels Bohr's Philosophy of Physics*, Cambridge: Cambridge University Press, 1987

《尼尔斯·玻尔的物理哲学》

这是一本对玻尔的量子理论的贡献做学术性评价的书。特别是对我们现在称为哥本哈根学派思想的精确含义的评述。其实它并不总是通俗易懂的，而是有探求事情本质的地方。

Heinz Pagels, *The Cosmic Code*, London: Michael Joseph, 1982
《宇宙密码》
这是一本介绍量子世界的不可思议之处（特别是哥本哈根学派思想）的书。它写于由阿斯佩实验结果所引起的对其他思想感兴趣的热潮刚刚涌起之前。由具有交流天赋的著名物理学家佩格斯所著。

Roger Penrose, *The Emperor's New Mind*, Oxford: Oxford University Press, 1989
《皇帝新脑》
为通过本书建立一个真正的智能计算机也无法建立的思想，作者带领读者沿着大部分现代物理学，包括量子理论，经过了一段旅程。一部分是很艰涩的，另一部分又是很令人欣喜的，常常引起争议，但这本书很值得一读。

Andrew Pickering, *Constructing Quarks*, Edinburgh: Edinburgh University Press, 1984
《构造夸克》
这是一本介绍了现代粒子物理发展史的引人入胜的书。尽管读起来艰涩，但它提供了事情的发展过程和最后的理论。它不是来自科学家发掘了的隐藏的真理，而是从他们的实验和理论中产生了现实真相，仔细阅读将使人受益匪浅。

William Poundstone, *Labyrinths of Reason*, New York: Anchor Books, 1988
《推理的迷宫》
本书浅显易懂地介绍了物理学家思考世界的方法。

Ilya Prigogine and Isabelle Stengers, *Order out of Chaos*, London: Heinemann, 1984
《从混沌到有序》

本书很好地介绍了普里戈金关于复杂性及时间方向的思想，但某些地方不易读懂。一个更难理解的作品是普里戈金自己所著的《从现在到未来》一书。由普里戈金和斯忒格斯所著的一本新书于 1995 年出版。

普里戈金的思想在一系列充满引起兴趣的思想的著作中已做了详尽的阐述，但我发现这些著作在某些地方相当难以理解。幸而，与量子世界可能相关的这些思想由阿莱斯泰尔·雷在他的《量子物理：幻象还是真实？》（见下）一书中做了特别清楚的讨论。因而我推荐这本书作为快速浏览书目。

Alastair Rae, *Quantum Physics*: *Illusion or Reality* ?, Cambridge: Cambridge University Press, 1986

《量子物理：幻象还是真实？》

这是一本标准的相当传统的非专业人员的读物。它包括对普里戈金工作的讨论，但比普里戈金自己的著作更易理解。

Henry Stapp, *Mind, Matter, and Quantum Mechanics*, Berlin: Springer-Verlag, 1993

《精神与物质和量子力学》

书中虽然有些地方不易理解，但这是斯坦普就量子理论及意识问题所写的论文集。由于他的思想在不同时期以略有不同的方法表述出来，因此，有耐心的读者最终才能够领略到问题的精髓。如果读者想更深地探究我在第四章所涉及的精神与物质的奥秘，这本书是值得花时间一读的。

John Tyndall, *On Light*, London: Longman, 1873

《论光》

这是一本读来令人愉快的书，是基于作者在美国访问期间所给出的讲稿。这是由一位能意识到天空为什么是蓝色的人向我们开启的维多利亚时代科学世界的一扇引人入胜的窗扉。他在这本书的第 152 页解释了他的思想。

Robert Weber, *Pioneers of Science*, 2nd edn, Bristol: Adam Hilger, 1988

《科学先驱者》第 2 版

本书对第一位诺贝尔奖获得者（1910 年的威廉·伦琴）到 1987 年的亚历山大·缪勒和乔治·培德诺兹之间的每一位诺贝尔物理学奖获得者做了简略速写。

Richard Westfall , *Never at Rest*, Cambridge: Cambridge University Press, 1980

《永不停歇》

这是一本关于牛顿的权威性传记。1993 年由剑桥大学出版社出版了这本书的简写本，名为《艾萨克·牛顿的一生》，本书浅显易懂，但阅读原文你会受益更多。

John Wheeler and Wojciech Zurek, *Quantum Theory and Measurement*, Princeton: Princeton University Press, 1983

《量子理论和测量》

这是一本在研究量子理论意义的历史中极好的经典论文集。爱因斯坦 – 波多斯基 – 罗森的论文、薛定谔的猫的首次出现、玻姆、贝尔和阿斯佩都包括在内，还有许多其他的人（但是，缺少克雷默）和少量的评述。这本书是相当专业的，值得在图书馆里深入研究。

Arthur Zajonc, *Catching the Light*, London: Bantam, 1993

《捕捉光》

本书饶有趣味地介绍了光的历史，包括艺术家和诗人，以及科学家们对光的感觉。